变电检修实用技术问答
（继电保护和电气试验部分）

杨金伟 主编

中国水利水电出版社
www.waterpub.com.cn
·北京·

内 容 提 要

　　本书是变电检修技术问答系列图书中的一本，全面介绍了变电检修继电保护和电气试验的专业实用技术，主要分为继电保护和电气试验两大部分。继电保护部分包括基础知识、电压互感器和电流互感器、重合闸、线路保护、母线保护、变压器保护、自动化和智能变电站；电气试验部分包括基础知识、停电例行试验、油气类试验和带电测试。

　　本书按照最新国家标准和电力行业标准编写，内容丰富、实用性强，既可作为广大变电检修继电保护和电气试验从业人员岗位学习、业务培训用书，也可作为企业变电检修专业的学习材料。

图书在版编目（CIP）数据

　　变电检修实用技术问答. 继电保护和电气试验部分 /
杨金伟主编. -- 北京 ： 中国水利水电出版社，2016.6(2024.3重印)
　　ISBN 978-7-5170-4410-9

　　Ⅰ. ①变　Ⅱ. ①杨　Ⅲ. ①变电所－检修－问题解
答②继电保护－问题解答③电工试验－问题解答 Ⅳ.
①TM63-44

　　中国版本图书馆CIP数据核字(2016)第166206号

书　　名	**变电检修实用技术问答（继电保护和电气试验部分）** BIANDIAN JIANXIU SHIYONG JISHU WENDA (JIDIAN BAOHU HE DIANQI SHIYAN BUFEN)
作　　者	杨金伟　主编
出版发行	中国水利水电出版社 （北京市海淀区玉渊潭南路 1 号 D 座　100038） 网址：www. waterpub. com. cn E - mail：sales@mwr. gov. cn 电话：(010) 68545888（营销中心）
经　　售	北京科水图书销售有限公司 电话：(010) 68545874、63202643 全国各地新华书店和相关出版物销售网点
排　　版	中国水利水电出版社微机排版中心
印　　刷	清淞永业（天津）印刷有限公司
规　　格	140mm×203mm　32 开本　10 印张　269 千字
版　　次	2016 年 6 月第 1 版　2024 年 3 月第 2 次印刷
印　　数	3001—4000 册
定　　价	**36.00** 元

变电检修实用技术问答
（继电保护和电气试验部分）
编委会

前 言

　　随着智能电网规模的不断放大，新设备、新产品、新技术、新材料的不断应用，对变电检修人员提出了更高的要求。为了提升变电检修人员和技术管理人员的技术素养和管理水平，结合工作实际，编写了《变电检修实用技术问答》丛书，希望能够对学习培训和工作实践有所助益。

　　该丛书涵盖继电保护和电气试验以及一次设备两部分内容，以问答的形式介绍了 35～220kV 变电检修技术，具有以下三个特点：一是内容新，除了按照最新国家标准和电力行业标准编写外，还介绍了大量新材料、新工艺、新技术、新原理；二是内容丰富，包含了变电检修各专业工作基本内容，多而全；三是实用性强，由基础知识到技术应用，由基本概念到设备原理，由工艺技术到操作技能，简单易懂，针对性强。

　　本书由杨金伟任主编，参加编写的有王洪富、刘成华、钟振东、类延民、李春锐等。在编写过程中得到了国网临沂供电公司各级领导和专业部室的帮助，在此表示衷心的感谢。

　　因编者专业水平有限，书中难免存在错误和不足之处，欢迎批评指正。

编者

2016.5

目　录

前言

第一部分 | 继电保护

第二部分 电气试验

第一部分

继电保护

第一章　继电保护基础知识

1. 电力系统继电保护的基本要求是什么？

答：电力系统继电保护一般应满足四个基本要求，即选择性、快速性、灵敏性和可靠性。

2. 什么是继电保护装置的选择性？

答：继电保护装置的选择性，是当系统发生故障时，继电保护装置应该有选择地切除故障，以保证非故障部分继续运行，使停电范围尽量缩小。

3. 什么是继电保护装置的快速性？

答：继电保护装置的快速性是指继电保护装置应以允许的最快速度动作于断路器跳闸，以断开故障或中止异常状态的发展。快速切除故障可以提高电力系统并列运行的稳定性，减少电压降低的工作时间。

4. 什么是继电保护装置的灵敏性？

答：继电保护装置的灵敏性是指继电保护装置对其保护范围内故障的反应能力，即继电保护装置对被保护设备可能发生的故障和不正常运行方式应能灵敏地感受并反映。上下级保护之间灵敏性必须配合，这也是保护选择性的条件之一。

5. 什么是继电保护装置的可靠性？

答：继电保护装置的可靠性，是指发生了属于它应该动作的故障时，它能可靠动作，即不发生拒动；而在任何其他不属于它动作的情况下，可靠不动作，即不发生误动。

6. 电网继电保护的整定不能兼顾快速性、选择性或灵敏性要求时，按什么原则取舍？

答：如果由于电网运行方式、装置性能等原因，使电网继电保护的整定不能兼顾快速性、选择性或灵敏性要求时，在整定时应执行以下原则合理地进行取舍：

（1）局部电网服从整个电网。

（2）下一级电网服从上一级电网。

（3）局部问题自行消化。

（4）尽量照顾局部电网和下级电网的需求。

（5）保证重要用户供电。

7. 电力系统的运行方式经常变化，在整定计算上如何保证继电保护装置的选择性和灵敏度？

答：一般采用系统最大运行方式来整定选择性，用最小运行方式来校核灵敏度，以保证在各种系统运行方式下满足选择性和灵敏度的要求。

8. 为保证电网保护的选择性，上、下级电网保护之间逐级配合应满足什么要求？

答：上、下级（包括同级和上一级及下一级电网）继电保护之间的整定，应遵循逐级配合的原则，满足选择性的要求，即当下一级线路或元件故障时，故障线路或元件的继电保护整定值必须在灵敏度和时间上均与上一级线路或元件的继电保护整定值相互配合，以保证电网发生故障时有选择性地切除故障。

9. 什么是主保护？

答：主保护是满足系统稳定和设备安全要求，能以最快速度有选择地切除被保护设备和线路故障的保护。

10. 什么是继电保护"远后备"？

答："远后备"是指当元件故障而其保护装置或断路器拒绝动作时，由各电源侧的相邻元件保护装置动作将故障切除。

11. 什么是继电保护"近后备"？

答："近后备"是用双重化配置方式加强元件本身的保护，使之在区内故障时，保护无拒动的可能，同时装设断路器失灵保护，以便当断路器拒绝跳闸时启动它来跳开同一变电站母线的断路器，或遥切对侧断路器。

12. 什么是系统的最大运行方式和最小运行方式？

答：在继电保护的整定计算中，一般都要考虑电力系统的最大与最小运行方式。最大运行方式是指在被保护对象末端短路时，系统等值阻抗最小，通过保护装置的短路电流为最大的运行方式。最小运行方式是指在上述同样的短路情况下，系统等值阻抗最大，通过保护装置的短路电流为最小的运行方式。

13. 什么是无穷大系统？

答：在系统稳定分析和短路电流计算中，通常将某一侧系统的等效母线处看成无穷大系统，无穷大系统是指等效母线电压恒定不变，母线背后系统的综合阻抗等于 0。

14. 我国大接地电流系统和小接地电流系统的划分标准是什么？

答：大接地电流系统、小接地电流系统的划分标准是依据系统的零序电抗 X_0 与正序电抗 X_1 的比值。我国相关标准规定：$X_0/X_1 \leqslant 4 \sim 5$ 的系统属于大接地电流系统，$X_0/X_1 > 4 \sim 5$ 的系统属于小接地电流系统。

15. 大接地电流系统中电力变压器中性点的接地方式有几种？

答：变压器中性点接地的方式有以下三种：中性点直接接地、经消弧线圈接地和中性点不接地。

16. 什么是电源中性点、零点和零线？

答：三相绕组的首端（或尾端）连接在一起的共同连接点，称为电源中性点。当电源中性点与接地装置有良好的连接时，该中性点称为零点。由零点引出的导线称为零线。

17. 在大接地电流系统中，为什么要保持变压器中性点接地的稳定性？

答：接地故障时零序电流的分布取决于零序网络的状况，保持变压器中性点接地的稳定性就保证了零序等值网络的稳定，有利于接地保护的整定计算。

18. 为什么 110kV 及以上变压器在停电及送电前必须将中性点接地？

答：我国的 110kV 电网一般采用中性点直接接地系统。在运行中，为了满足继电保护装置灵敏度配合的要求，有些变压器的中性点不接地运行。但因为断路器的非同期操作引起的过电压会危及这些变压器的绝缘，所以要求在切、合 110kV 及以上空载变压器时，将变压器的中性点直接接地。

19. 大接地电流系统发生接地故障时，哪一点的零序功率最大，零序功率分布有什么特点？

答：故障点的零序功率最大，在故障线路上，零序功率由线路流向母线，越靠近变压器中性点接地处，零序功率越小。

20. 在中性点不接地系统中为什么要安装绝缘监察装置？

答：在中性点不接地系统中，当发生单相接地时由于非接地相对地电压升高，极有可能发生第二点接地，形成两点接地短路，尤其是发生电弧性间歇接地而引起网络过电压时，要及时发现单相接地情况，即必须装设绝缘监察装置检查判别接地情况，并及时处理。

21. 中性点不接地系统单相接地故障时的电压、电流如何变化？

答：当电网发生单相接地故障后，非故障电路电容电流就是该线路的零序电流，故障线路首段的零序电流数值上等于系统非故障线路全部电容电流的总和，其方向为线路指向母线，与非故障线路中零序电流的方向相反，系统中性点电压发生较大的位移。

22. 小接地电流系统发生单相接地时，故障相和非故障相电压有何变化？

答： 若为金属性接地，故障相电压为零，非故障相电压上升为线电压。

23. 在小接地电流系统辐射形电网中发生单相接地故障时，故障线路与非故障线路的电流有什么不同？

答： 故障线路送端零序电容电流等于其他线路零序电流之和，且流向母线。非故障线路送端零序电流即为本线路的非故障相对地电容电流，且流出母线。

24. 在线路故障的情况下，正序功率的方向是什么？为什么零序功率的方向是由线路指向母线？

答： 在故障线路上，正序电流的流向是由母线流向故障点，所以正序功率方向是由母线指向线路。零序电压在故障点最高，零序电流是由故障点流向母线，所以零序功率的方向与正序功率相反，是由线路指向母线。

25. 电气设备的运行状态有哪几种？

答： 电气设备的运行状态有 4 种：运行、热状态备用、冷状态备用和检修。

26. 什么是运行中的电气设备？

答： 运行中的设备是指全部带有电压或一部分带电及一经操作即带电的电气设备。

27. 电力系统故障如何划分？故障种类有哪些？

答： 电力系统有一处故障时称为简单故障，有两处及以上同时故障时称为复杂故障。简单故障有 7 种，其中短路故障有 4 种，即单相接地故障、两相短路故障、两相短路接地故障、三相短路故障，均称为横向故障；断线故障有 3 种，即断一相故障、断两相故障、全相振荡故障，均称为纵向故障。三相短路故障和全相振荡故障为对称故障，其他是不对称故障。

28. 什么是电气二次设备和二次回路？

答：二次设备是指对一次设备的工作进行监测、控制、调节、保护以及为运行、维护人员提供运行工况或生产指挥信号所需的低压电气设备，如熔断器、控制开关、继电器、控制电缆等。由二次设备相互连接，构成对一次设备进行监测、控制、调节和保护的电气回路称为二次回路。

29. 哪些回路属于连接保护装置的二次回路？

答：连接保护装置的二次回路有：

（1）从电流互感器、电压互感器二次侧端子开始到有关继电保护装置的二次回路。

（2）从继电保护直流分路熔断器开始到有关保护装置的二次回路。

（3）从保护装置到控制屏和中央信号屏间的直流回路。

（4）继电保护装置出口端子排到断路器操作箱端子排的跳、合闸回路。

30. 二次回路的电路图可分为几种？

答：二次回路的电路图按任务不同可分为 3 种，即原理图、展开图和安装接线图。

31. 什么是二次回路标号？

答：为便于安装、运行、维护和消缺，在二次回路中的所有设备间的连线都要进行标号，称为二次回路标号。标号一般采用数字或数字和文字的组合，表明回路的性质和用途。

32. 二次回路标号的基本原则是什么？

答：凡是各设备间要用控制电缆经端子排进行联系的，都要按回路原则进行标号。不同性质的回路二次回路标号不同，通过标号就可以判定回路性质，便于维护、检修和消缺。

33. 二次回路接线的基本要求是什么？

答：（1）按图施工，接线正确。

（2）电气回路的连接（螺栓连接、插接、焊接等）应牢固可靠。

（3）电缆芯线和所配导线的端部均应标明其回路编号，编号应正确，字迹清且不易脱色。

（4）配线整齐、清晰、美观；导线绝缘良好，无损伤。

（5）屏、柜内导线不应有接头。

（6）每个端子的每侧接线一般为1根，不得超过2根。

34. 检查二次回路的绝缘电阻应使用多少伏的摇表？

答：检查二次回路的绝缘电阻应使用1000V的摇表，其测量值应不小于1MΩ。

35. 二次回路绝缘测试前应具备什么条件？

答：在对二次回路进行绝缘测试前，必须确认被保护设备的断路器、电流互感器全部停电，交流电压回路已在电压切换把手或分线箱处与其他单元设备的回路断开，并与其他回路隔离完好后，才允许进行。

36. 二次回路绝缘测试时的注意事项是什么？

答：（1）试验线连接要紧固。

（2）每进行一项绝缘试验后，须将试验回路对地放电。

（3）对母线差动保护、断路器失灵保护及电网安全自动装置，如果不可能出现被保护的所有设备都同时停电，其绝缘电阻的检验只能分段进行，即哪一个被保护单元停电，就测定这个单元所属回路的绝缘电阻。

37. 变电站二次电缆线芯截面的选择应符合哪些要求？

答：按机械强度要求，控制电缆或绝缘导线的芯线最小截面，强电控制回路，不应小于 $1.5mm^2$ ，屏、柜内导线的芯线截面应不小于 $1.0mm^2$ ；弱电控制回路，不应小于 $0.5mm^2$ 。

38. 变电站二次电流回路电缆线芯截面选择应该满足什么条件？

答：变电站二次电流回路电缆线芯截面选择应使电流互感器的工作准确等级符合继电保护和安全自动装置的要求。无可靠依据时，可按断路器的断流容量确定最大短路电流。

39. 变电站二次电压回路电缆线芯截面选择应该满足什么条件？

答：当全部继电保护和安全自动装置动作时（考虑到电网发展，电压互感器的负荷最大时），电压互感器到继电保护和安全自动装置屏的电缆压降不应超过额定电压的 3%。

40. 变电站二次操作回路电缆线芯截面选择应该满足什么条件？

答：变电站二次操作回路电缆线芯截面选择应该满足，在最大负荷下，电源引出端到断路器分、合闸线圈的电压降，不应超过额定电压的 10%。

41. 微机保护硬件系统通常包括哪几个部分？

答：（1）数据处理单元，即微机主系统。

（2）数据采集单元，即模拟量输入系统。

（3）数字量输入/输出系统，即开关量输入/输出系统。

（4）通信接口。

42. 微机保护的统计评价方法是什么？

答：（1）微机保护装置的每次动作（包括拒动）按其功能进行；分段的保护以每段为单位来统计评价。保护装置的每次动作（包括拒动）均应进行统计评价。

（2）每一套微机保护的动作次数必须按照记录信息统计保护装置的动作次数。对不能明确提供保护动作情况的微机保护装置，不论动作多少次只计 1 次统计；若重合闸不成功，保护再次动作跳闸，则评价保护动作 2 次，重合闸动作 1 次。至于属哪一类保护动作，则以故障录波分析故障类型和跳闸时间来确定。

43. 微机保护中，"看门狗"的作用是什么？

答：微机保护运行时，由于各种难以预测的原因导致 CPU 系统工作偏离正常程序设计的轨道，或者进入某个死循环时，由"看门狗"经一个事先设定的延时将 CPU 系统强行复位，重新拉入正常运行的轨道。

44. 微机保护中辅助变换器的作用是什么？

答：（1）使电流互感器、电压互感器输入电流、电压经变换后能满足模数变换器对模拟量输入量程的要求。

（2）采用屏蔽层接地的变压器隔离，使电流互感器、电压互感器可能携带的浪涌干扰不至于串入模数转换回路，并避免进一步危及微机保护 CPU 系统。

45. 光电耦合器的作用是什么？

答：光电耦合器常用于开关量信号的隔离，使其输入与输出之间在电气上完全隔离，尤其是可以实现地电位的隔离，可以有效地抑制共模干扰。

46. 什么是共模电压，什么是差模电压？

答：共模电压是指在每一导体和所规定的参照点之间（往往是大地或机架）出现的相量电压的平均值；差模电压是指在一组规定的带电导体中任意两根之间的电压，又称对称电压。在强电系统中，一般情况下，共模电压为相与地之间的电位差，而差模电压为相与相之间的电位差。

47. 保护装置回路试验有什么特点和要求？

答：（1）检查 TV 零线引入保护室，并在保护室一点接地。

（2）检查 TA 二次零线一点接地。

（3）控制电缆屏蔽层两端分别在保护室和开关场接地。

（4）检查两套主保护直流电源相互独立，没有直接电的联系，直流电源分别来自不同的直流电源分路。

（5）断路器操作电源同断路器失灵保护装置的电源相互独立。

（6）必须在保护屏端子排上通入交流电压、电流模拟故障量进行整组联动试验，不得用手动人工短接点方式进行试验。

48. 继电保护整组试验的反措要求是什么？

答：用整组试验的方法，即除由电流及电压端子通入与故障情况相符的模拟故障量外，保护装置应处于与运行完全相同的状态，检查保护回路及整定值的正确性。不允许用短接继电器触点、断路器触点或类似的人为手段做保护装置的整组试验。

49. 在哪些情况下应停用整套微机继电保护装置？

答：（1）在微机继电保护装置上进行的交流电压、交流电流开关量输入、开关量输出回路的作业。

（2）装置内部作业。

（3）继电保护人员输入定值。

50. 新安装或二次回路经变动后的变压器差动保护须做哪些工作后方可正式投运？

答：新安装或二次回路经变动后的差动保护，应在带负荷前将差动保护停用，带负荷后进行带负荷试验，确认电流极性正确，差动保护差流为零后，方准将差动保护正式投入运行。

51. 断路器的位置指示与运行关系密切，若断路器位置无指示（常见的红、绿灯不亮），保护装置发出控制回路断线告警，对运行有何影响？

答：（1）不能正确反映断路器的跳、合闸位置或跳合闸回路完整性，故障时造成误判断。

（2）如果是跳闸回路故障，当发生事故时，断路器不能及时跳闸，造成事故扩大。

（3）如果是合闸回路故障，会使断路器事故跳闸后自投失效或不能自动重合。

（4）跳、合闸回路故障均影响正常操作。

52. 跳闸位置继电器与合闸位置继电器有什么作用？

答：（1）表示断路器的跳、合闸位置如果是分相操作的，可以表示分相的跳、合闸信号。

（2）表示该断路器是否在非全相运行状态。

（3）可以由跳闸位置继电器某相的触点启动重合闸回路。

（4）在三相跳闸时发高频保护停信。

（5）在单相重合闸方式时，闭锁三相重合闸。

（6）发出控制回路断线信号和事故总信号。

53. 标准规定继电器的电压回路连续承受电压的倍数是多少？

答：交流电压回路为 1.2 倍额定电压；直流电压回路为 1.1 倍额定电压。

54. 继电器的分类有哪些？

答：继电器按照在继电保护中的作用可分为测量继电器和辅助继电器两大类；按结构型式可分为电磁型、感应型、整流型以及静态型等。

55. 新设备验收时，二次部分应具备哪些图纸、资料？

答：具备保护、自动化装置的原理图，二次回路安装图，电缆敷设图，电缆编号图，断路器操作机构二次回路图，电流、电压互感器端子箱图。同时要有完整的保护、自动化装置和直流系统的技术说明书，断路器操作机构说明书，电流、电压互感器的出厂试验报告等。

56. 什么是继电保护"四统一"原则？

答：继电保护"四统一"原则为：统一技术标准、统一原理接线、统一符号、统一端子排布置。

57. 为什么交直流回路不能共用一根电缆？

答：交直流回路是两个相互独立的系统，直流回路是绝缘系统，而交流回路是接地系统，若共用一根电缆，两者间容易发生短路，发生相互干扰，降低直流回路的绝缘电阻。

58. 继电器的一般检查内容是什么？

答：继电器一般检查内容有：①外部检查；②内部及机械部分检查；③绝缘检查；④电压线圈过流电阻的测定。

59. 继电保护对控制回路有哪些要求？

答：（1）有对控制电源的监视回路。

（2）监视断路器跳、合闸回路的完好性。

（3）有防止断路器"跳跃"的电气闭锁装置，使断路器出现"跳跃"时，将断路器闭锁到跳闸位置。

（4）跳、合闸命令应保持足够长的时间。

（5）断路器的合闸、跳闸状态应有明显的位置信号，故障保护跳闸、重合闸时应有明显的动作信号。

60. 变电站二次回路干扰的种类有哪些？

答：变电站二次回路干扰有①工频干扰；②高频干扰；③雷电引起的干扰；④控制回路产生的干扰；⑤高能辐射设备引起的干扰。

61. 采用静态保护时，二次回路中应采用哪些抗干扰措施？

答：（1）在电缆敷设时，应充分利用自然屏蔽物的屏蔽作用。

（2）采用铠装铅包电缆或屏蔽电缆，且屏蔽层在两端接地。

（3）强电和弱电回路不得共用一根电缆。

（4）保护用电缆与电力电缆不应同敷设。

（5）保护用电缆敷设路径应尽可能离开高压母线及高频暂态电流的入地点。

62. 为提高抗干扰能力，是否允许用电缆芯线两端接地的方式替代电缆屏蔽层的两端接地？为什么？

答：不允许。电缆屏蔽层在开关场及控制室两端接地可以抵御空间电磁干扰的机理是：当电缆为干扰源电流产生的磁通所包围时，如屏蔽层两端接地，则可在电缆的屏蔽层中感应出电流，屏蔽层中感应电流所产生的磁通与干扰源电流产生的磁通方向相反，从而可以抵消干扰源磁通对电缆芯线上的影响。

由于发生接地故障时开关场各处地电位不等，则两端接地的备用电缆芯会流过电流，对不对称排列的工作电缆芯会感应出不同的电动势，从而对保护装置形成干扰。

63. 微机线路保护装置对直流电源的基本要求是什么？

答：微机线路保护装置对直流电源的基本要求是：①额定电压 220V、110V；②允许偏差 −20％～10％；③纹波系数不大于 5％。

64. 直流母线电压过高或过低对电气设备有什么影响？

答：直流母线电压过高时，长期带电运行的电气元件，如仪表、继电器、指示灯等容易因过热而损坏；电压过低时容易使保护装置误动或拒动。一般规定电压的变化范围为 ±10％。

65. 直流正、负极接地对运行有哪些危害？

答：直流正、负接地有造成保护误动或拒动的可能，一般跳、合闸线圈均接负极电源，当发生接地时，若控制回路再发生接地，可能造成控制回路的跳、合闸线圈接通或无法接通的情况，从而引起保护误动或拒动，严重时可能引起直流电源短路，造成直流故障。因此，发生直流接地时应立即进行检查，防止直流发生第二点接地，影响系统运行。

66. 为防止因直流熔断器不正常熔断而扩大事故，应注意做到哪些方面？

答：（1）直流总输出回路、直流分路均装设熔断器时，直流熔断器应分级配置，逐级配合。

（2）直流总输出回路装设熔断器，直流分路装设小空气断路器时，必须确保熔断器与小空气断路器有选择性地配合。

（3）直流总输出回路、直流分路均装设小空气断路器时，必须确保上、下级小空气断路器有选择性地配合。

（4）为防止因直流熔断器不正常熔断或小空气断路器失灵而扩大事故，对运行中的熔断器和小空气断路器应定期检查，严禁质量不合格的熔断器和小空气断路器投入运行。

67. 直流空气断路器（熔断器）上、下级的额定电流如何选定？

答：直流空气断路器常见额定电流规格有 1A、2A（3A）、6A、10A、16A、20A、25A、32A、40A、50A、63A，相邻两者之间为一个级差。直流空气断路器上、下级之间必须保证 2～4 个级差。

68. 直流电源系统绝缘监测装置应有哪些功能？

答：直流电源系统绝缘监测装置应有监测交流窜入、监测蓄电池接地、监测母线互串、母线压差补偿和防止"一点接地"误动等功能。

69. 直流系统中为什么要监测交流窜入？

答：直流系统中有交流串入时，一方面增加设备误动风险，降低供电可靠性，另一方面会损坏直流设备，影响电网安全稳定运行。

70. 直流系统中直流互窜的危害是什么？

答：直流系统中直流互串会导致接地事故扩大，同时影响现场绝缘监测装置监测判断结果。

71. 采用电池软连接有哪些好处？

答：电池之间采用连接条连接，常用的有铜排（硬连接）和电缆（软连接）两种，铜排制作方便、安装简单、成本较低，但由于材料的刚性，连接时易造成极柱损伤或接触不良。电缆软连接克服了上述缺点，使电池连接灵活方便，电接触性能良好。两组以上电池并联使用时，应注意尽可能使每组电池至负载的连接线等长，以保持电池组之间的相对均匀性。

72. 为什么最好不要混合使用新旧电池、不同类型电池？

答：由于新旧电池、不同类型电池的电池内阻大小不一，电池在充放电时差异明显，如串联使用会造成单只过充或欠充；如果并联使用，则会造成充放电偏流，各组电池的电流不一致。

73. 电池在运行维护过程中，需经常检查哪些项目？

答：（1）电池的总电压、充电电流及各电池的浮充电压。

（2）电池连接条有无松动、腐蚀现象。

（3）电池壳体有无渗漏和变形。

（4）电池的极柱、安全阀周围是否有酸雾溢出。

74. 什么是浮充电压？怎样确定电池的浮充电压？

答：浮充使用时蓄电池的充电电压必须保持一恒定值，在该电压下，充放电量应足以补偿蓄电池由于自放电而损失的电量以及氧循环的需要，保证在相对较短的时间内使放过电的电池充足电，这样就可以使蓄电池长期处于充足电状态，同时，该电压的选择应使蓄电池因过充电而造成损坏达到最低程度，此电压称为浮充电压。

75. 电池浮充运行时，落后电池如何判断？

答：落后电池在放电时端电压低，因此落后电池应在放电状态下测量，如果端电压在连续三次放电循环中测量均是最低的，就可判为该组中的落后电池，有落后电池就应对电池组均衡充电。例如，对于在浮充状态的电池，如果浮充电压低于 2.16V 应予以引起重视。

76. 电池有时有略微鼓胀对电池正常使用有哪些影响？

答：由于电池内存在内压，电池壳体出现微小壳体的鼓胀程度，一方面厂家要注意安全阀的开阀压，使电池内压不致太大，以及选择合适的壳体材料和壳体厚度；另一方面用户要对电池进行正常的维护保养，以免过充和热失控。

77. 电池放电后，一般要多少时间才能充足电？

答：放电后的蓄电池充足电所需时间，随放出容量及初始充电电流不同而变化。如一般蓄电池经 10h 率放电电流（I_{10}）放

电，放电深度为 100％，通过恒压限流和恒流对蓄电池充电 24h
后，则蓄电池充入电量可达 100％ 以上，即蓄电池充足电。

78. 电池漏液主要有哪些现象？

答：（1）极柱四周有白色晶体，明显发黑腐蚀，有硫酸
液滴。

（2）如电池卧放，地面有酸液腐蚀的白色粉末。

（3）极柱铜芯发绿，螺旋套内液滴明显。

（4）槽盖间有液滴明显。

79. 电池漏液的主要原因有哪些？

答：（1）某些电池螺套松动，密封圈受压减小导致渗液。

（2）密封胶老化导致密封处有纹裂。

（3）电池严重过放过充，不同型号电池混用，电池气体复合
效率差。

（4）灌酸时酸液溅出，造成假漏液。

80. 电池漏液后应采取哪些措施？

答：（1）对假漏液电池进行擦拭，留待后期观察。

（2）对漏液电池的螺套进行加固，继续观察。

（3）改进电池密封结构。

81. 蓄电池使用中，为什么有时"放不出电"？

答：电池在正常浮充状态下放电，放电时间未达要求，其原
因为：

（1）电池放电电流超出额定电流，造成放电时间不足，而实
际容量未达到。

（2）浮充时实际浮充电压不足，会造成电池长期欠电，电池
容量不足，并可能导致电池硫酸盐化。

（3）电池间连接条松动，接触电阻大，造成放电时连接条上
压降大，整组电池电压下降较快（充电过程则相反，此电池电压
上升也较快）。

（4）放电时环境温度过低。随着温度的降低，电池放电容量

也随之下降。

82. 电池在充电时，为什么有时会有"扑扑"的声音？

答：一般情况下，充电时会产生部分氧，有足够的气体扩散通道，达到氧的迅速传递与化合。但在电池过充时，产生的气体较多，来不及复合，电池内部全体压力过高，当内部压力超出安全排气阀正常值时，该阀自动开启，待压力恢复到正常值时自动控制关闭。在此过程中，由于气体流动会产生声响。

83. 电池发烫，温度较高会影响电池使用吗？

答：一般情况，处于充放电过程，由于电流较大，电池存在一定内阻，电池会产生一部分热量，温度有所升高。但是，当电池充电电流过大，电池间间隙过小会使充电电流和电池温度发生一种累积性的增强作用，并损坏蓄电池，造成热失控。特别是用户使用的充电设备为交流电源，充电设备虽经滤波，但仍有波纹电压。而一个完全充电的电池的交流阻抗很小，即使电压变化很小在电池线路内也会产生明显的交流电流，使电池的温度上升，而电池热失控导致温度上升，电池壳强度下降以致软化，造成电池内压下鼓胀，并造成电池损坏。

84. 蓄电池接地会造成什么后果？

答：蓄电池接地有可能导致蓄电池进行不均衡充电，加速蓄电池损坏，严重时导致保护误动、拒动、设备损坏、短路等恶性结果。

85. 什么是放电倍率？

答：电池在规定的时间内放出其额定容量时所需要的电流值，它在数值上等于电池额定容量的倍数，通常以字母 C 表示。

86. 阀控蓄电池到达现场后，应进行验收检查，并应符合哪些规定？

答：（1）包装及密封应良好。

（2）应开箱检查清点，型号、规格应符合技术要求，附件应齐全，元件应无损坏。

（3）产品的技术文件应齐全。

（4）按本规范要求外观检查应合格。

87. 阀控蓄电池组安装完毕后，应按哪些规定进行充电？

答：（1）充电前应检查蓄电池组及其连接条的连接情况。

（2）充电前应检查并记录单体蓄电池的初始端电压和整组电压。

（3）充电期间，充电电流应可靠，不得断电。

（4）充电期间，环境温度应为 5～35℃，蓄电池表面温度不应高于 45℃。

（5）充电过程中，室内不得有明火，通风应良好。

88. 阀控蓄电池在达到哪些条件后，可视为完全充电？

答：（1）蓄电池在环境温度 5～35℃条件下，以（2.40V±0.01V）/单体的恒定电压、充电电流不大于 $2.5I_{10}$（A）充电至电流值 5h 稳定不变时。

（2）充电后期充电电流小于 $0.005C_{10}$［10h 率额定容量（Ah）］时。

（3）符合产品技术文件完全充电要求时。

89. 当发生直流系统接地时，应该如何查找直流接地？

答：根据运行方式、操作情况、气候影响进行判断可能接地的处所，采取拉路寻找分级处理的方法，以先信号和照明部分后操作部分，先室外部分后室内部分为原则。在切断各专用直流回路时，切断时间不得超过 3s，不论回路接地与否均应合上。当发现某一专用直流回路有接地时，应及时找出接地点，并尽快消除。

90. 查找直流接地时注意事项有哪些？

答：（1）用仪表检查时所用仪表的内阻不应低于 2000Ω/V。

（2）当直流发生接地时，禁止在二次回路上工作。

（3）处理时不得造成直流短路和另一点接地。

（4）查找时至少由两人同时进行。

（5）拉路前应采取必要措施，以防止直流失电可能引起保护及自动装置的误动。

91. 用拉路法查找直流接地有时找不到接地点在哪个系统可能是什么原因？

答：当直流接地发生在充电设备、蓄电池本身和直流母线上时，用拉路方法是找不到接地点的。当直流采取环路供电方式时，如不先断开环路也是找不到接地点的。同极两点接地，直流系统绝缘不良，多处出现虚接地点，形成很高的接地电压，这些情况都可能造成采用拉路法后仍找不到接地点。

92. 直流系统整体绝缘下降的原因是什么？

答：直流系统整体绝缘下降大多是因为机构箱、端子箱等处封闭不严，在阴雨、潮湿天气时会因为局部进水、湿度过大等原因而导致绝缘下降，若有多处出现此类问题就会导致系统整体绝缘下降。

93. 解决直流系统整体绝缘下降的方法有哪些？

答：（1）对于封闭不严的机构箱、端子箱等进行密封处理或更换。

（2）在机构箱、端子箱等处放置吸潮剂等。

（3）雨天结束后，及时开启通风设施，进行室内通风、排潮，降低空气湿度。

94. 什么是电力系统序参数？

答：任一元件两端的相序电压与流过该元件的相应的相序电流之比，称为该元件的序参数。

95. 现场工作前应做哪些准备工作？

答：（1）了解工地地点一次、二次设备运行情况。

（2）拟定工作重点项目及准备解决的缺陷和薄弱环节。

（3）工作人员明确分工并熟悉图纸及检验规程等有关资料。

（4）应具备与实际状况一致的图纸、上次检验的记录、最新整定通知单、检验规程、合格的仪器仪表、备品备件、工具和连接导线等。

（5）对一些重要设备，特别是复杂保护装置或有联跳回路的保护装置，如母线保护、断路器失灵保护、远方跳闸等的现场校验工作，应编制经技术负责人审批的试验方案和由工作负责人填写并经负责人审批的继电保护安全措施票。

96. 现场工作结束前应做哪些工作？

答：（1）工作负责人应会同工作人员检查保护记录有无漏试项目，整定值是否与定值通知单相符，检验结论、数据是否完整正确。经检查无误后，才能拆除试验接线。

（2）复查临时接线是否全部拆除，拆下的线头是否全部接好，图纸是否与实际接线相符，标志是否正确完备等。

97. 整定计算时，哪些一次设备参数必须采用实测值？

答：（1）三相三柱式变压器的零序阻抗。

（2）110kV 及以上架空线路和电缆线路的阻抗。

（3）平行线之间的零序互感阻抗。

（4）双回线路的同名相间和零序的差电流系数。

（5）其他对继电保护影响较大的有关参数。

98. 继电保护系统配置的基本要求是什么？

答：（1）任何电力设备和线路都不得在任何时候处于无继电保护的状态下运行。

（2）任何电力设备和线路在运行中，都必须有两套完全独立的继电保护装置分别控制两台完全独立的断路器来实现保护，其目的是当任一套保护装置或任一台断路器拒动时，能够由另一套保护装置或另一台断路器动作，从而保证完全可靠地断开故障。

99. 保护装置调试的定值依据是什么？要注意些什么？

答：保护装置调试的定值必须依据最新整定值通知单的规定。要注意：

（1）调试保护装置定值时，先核对通知单与实际设备是否相符（包括互感器的接线、变比）及有无审核人签字。

（2）根据电话通知整定时，应在正式的运行记录簿上做电话记录并在收到定值通知单后，将试验报告与通知单逐条核对。

（3）所有交流继电器的最后定值试验必须在保护屏的端子排上通电进行。

（4）开始试验时应先做好原定值试验，如发现与上次试验结果相差较大或与预期结果不符等任何细小问题时应慎重对待，查找原因。

（5）在未得出结论前，不得草率处理。

100. 电力设备由一种运行方式转为另一种运行方式的操作过程中，对保护有什么要求？

答：电力设备由一种运行方式转为另一种运行方式的操作过程中，被操作的有关设备均应在保护范围内，部分保护装置可短时失去选择性。

101. 新安装的微机继电保护装置出现不正确动作后，划分其责任归属的原则是什么？

答：新安装的微机继电保护装置在投入一年内，在运行单位未对装置进行检修和变动二次回路前，经分析确认是因为调试和安装质量不良引起的保护装置不正确动作或造成事故时，责任属基建单位。运行单位应在投入运行后一年内进行第一次全部检验，检验后或投入运行满一年以后，保护装置因安装调试质量不良引起的不正确动作或造成事故时，责任属运行单位。

102. 数字滤波器的实质是什么？

答：数字滤波器的实质就是对输入的采样值进行一定的数学运算，从而达到滤波的效果，突出所需要的频率成分，滤除不需要的频率成分。

103. 数字滤波器的特点是什么？

答：（1）不受温度变化、元件老化等因素对滤波器特性的影响。

（2）无阻抗匹配问题。

（3）精度很高、特性一致，无需逐个验证。

（4）可以抑制 A/D 转换的量化误差。

104.“四统一”操作箱一般由哪些继电器组成？

答：（1）监视断路器合闸回路的合闸位置继电器及监视断路器跳闸回路的跳闸位置继电器。

（2）防止断路器跳跃继电器。

（3）手动跳闸和合闸继电器。

（4）压力监察或闭锁继电器。

（5）一次重合闸脉冲回路。

（6）辅助中间继电器。

（7）跳闸信号继电器及备用信号继电器。

105. 继电保护装置硬件电路对外引线的抗干扰基本措施有哪些？

答：（1）交流输入端子采用变换器隔离，一次、二次线圈间有屏蔽层且屏蔽层可靠接地。

（2）开关量输入、输出端子采用光电耦合器隔离。

（3）直流电源采用逆变电源，高频变压器线圈间有屏蔽层。

（4）机箱和屏蔽层可靠接地。

106. 在什么情况下单相接地故障电流大于三相短路电流？

答：当故障点零序综合阻抗小于正序综合阻抗时，单相接地故障电流大于三相短路电流。

107. 确定继电保护和安全自动装置的配置和构成方案时，应综合考虑哪几个方面？

答：（1）电力设备和电网的结构特点和运行特点。

（2）故障出现的频率和可能造成的后果。

（3）电力系统的近期发展情况。

（4）经济上的合理性。

（5）国内和国外的经验。

108. 在微机保护数据采集系统中，共用 A/D 转换器条件下采样/保持器的作用是什么？

答：一方面保证在 A/D 变换过程中输入模拟量保持不变，另一方面保证各通道同步采样，使各模拟量的相位关系经过采样后保持不变。

109. 中性点经消弧线圈接地系统为什么普遍采用过补偿方式？

答：中性点经消弧线圈接地系统采用全补偿时，无论不对称电压是多少，都将因发生串联谐振而使消弧线圈产生很高的电压。因此，要避免全补偿运行方式的发生，而采用过补偿的方式或欠补偿的方式。实际上一般都采用过补偿的运行方式，这是因为欠补偿电网发生故障时，容易出现数值很大的过电压，欠补偿电网在正常运行时，如果三相不对称度较大，还有可能出现数值很大的铁磁谐振过电压。采用过补偿的运行方式就不会出现这种铁磁谐振现象。

110.《静态继电保护及安全自动装置通用技术条件》对装置使用的周围环境有什么要求？

答：（1）不受太阳辐射、雨和水的冲洗，适应室内有气候防护的环境。

（2）大气中不含有导致金属或绝缘损坏的腐蚀性气体。

（3）周围不允许有严重的霉菌存在。

（4）不超过产品标准规定的外磁场影响强度的允许值。

111. 电力系统继电保护采用双重化配置有什么要求？

答：（1）交流电流应分别取自电流互感器互相独立的绕组；交流电压宜分别取自电压互感器互相独立的绕组。其保护范围应交叉重叠，避免死区。

（2）直流电源应取自不同蓄电池组供电的直流母线段。

（3）跳闸回路应与断路器的两个跳闸线圈一一对应。

（4）每套完整、独立的保护装置应能处理可能发生的所有类型的故障。两套保护之间不应有任何电气联系，当一套保护退出时不应影响另一套保护的运行。

（5）线路纵联保护的通道、远方跳闸及就地判别装置应遵循相互独立的原则按双重化配置。

112. 保护装置或继电器绝缘试验有哪些项目？

答：（1）工频耐压试验。

（2）绝缘电阻试验。

（3）冲击电压试验。

113. 对于由 $3U_0$ 构成的保护的测试，有什么反措要求？

答：（1）不能以检查 $3U_0$ 回路是否有不平衡电压的方法来确认 $3U_0$ 回路是否良好。

（2）不能单独依靠"六角图"测试方法确定 $3U_0$ 构成的方向保护的极性关系是否正确。

（3）可以对包括电流互感器、电压互感器及其二次回路的连接元件与方向元件等综合组成的整体进行试验，以确保整组方向保护的极性正确。

（4）最根本的办法是查清电压互感器及电流互感器的极性，以及所有由互感器端子到继电保护屏的连线和屏上零序方向继电器的极性，进行综合的正确判断。

114. 电力系统动态记录的三种不同功能是什么？

答：（1）高速故障记录功能。记录因短路故障或系统操作引起的、由线路分布参数参与作用而在线路上出现的电流及电压暂态过程，其特点是采样速度高，一般采样频率不小于 5kHz；全程记录时间短。

（2）故障动态过程记录功能。记录因大扰动引起的系统电流、电压及其导出量（如有功功率、无功功率）以及系统频率变化现象的全过程。主要用于检测继电保护与安全自动装置的动作行为，其特点是采样速度较低，一般不超过 1kHz，但记录时间长，要直到暂态和频率大于 0.1Hz 的动态过程基本结束时才终止。

（3）长过程动态记录功能。在变电站中用于记录主要线路的有功潮流、母线电压及频率、变压器电压分接头位置以及自动装置的动作行为等，其特点是采样速度低，全过程时间长。

115. 对电力系统故障动态记录的基本要求有哪些？

答：（1）当系统发生大扰动包括在远方故障时，能自动地对扰动的全过程按要求进行记录，并当系统动态过程基本终止后，自动停止记录。

（2）存储容量应足够大。当系统连续发生大扰动时，应能无遗漏地记录每次系统大扰动发生后的全过程数据。

（3）所记录的数据可靠，满足要求，不失真。其记录频率和记录间隔以每次大扰动开始时为标准，宜分时段满足要求。

（4）各安装点记录及输出的数据应能在时间上同步，以适应集中处理系统全部信息的要求。

116. 什么是计算电力系统故障的叠加原理？

答：在假定是线性网络的前提下，将电力系统故障状态分为故障前的负荷状态和故障引起的附加状态分别求解，然后将这两个状态叠加起来，就得到故障状态。

第二章　电压互感器和电流互感器

第一节　电压互感器

1. 电压互感器的主要作用是什么？

答：电压互感器的作用是把高电压按比例关系变换成标准二次电压（一般为100V或57.74V），供给保护、测量、计量和仪表装置使用。

2. 电压互感器的二次回路通电试验时，如何防止由二次侧向一次侧反送电？

答：为防止由二次侧向一次侧反送电，除应将二次回路断开外，还应取下电压互感器高压熔断器或断开电压互感器一次隔离开关。

3. 电压互感器反充电对保护装置有什么影响？

答：通过电压互感器二次侧向不带电的母线充电称为反充电。如220kV电压互感器变比为2200，停电的一次母线即使未接地，但其阻抗（包括母线电容及绝缘电阻）较大，假定为1MΩ，从电压互感器二次侧看到的阻抗为 $1000000/2200^2 \approx 0.2\Omega$，近乎短路，因此反充电电流较大（反充电电流主要取决于电缆电阻及两个电压互感器的漏抗），将造成运行中电压互感器二次侧小开关跳开或熔断器熔断，使运行中的保护装置失去电压，可能造成保护装置的误动或拒动。

4. 新投入或经更改的电压回路应利用工作电压进行哪些检验？

答：（1）测量每一个二次绕组的电压。

（2）测量相间电压。

（3）测量零序电压（对小电流接地系统的电压互感器，在带电测量前，应在零序电压回路接入一个合适的电阻负载，避免出现铁磁谐振现象，造成错误测量）。

（4）检验相序。

（5）定相。

5. 什么是电抗变压器？

答：电抗变压器是把输入电流转换成输出电压的中间转换装置，同时也起隔离作用，其输入电流与输出电压呈线性关系。

6. 电抗变压器与电流互感器有什么区别？

答：电流互感器将高压大电流转换成低压小电流，为线性转换，因此要求励磁阻抗大，即励磁电流小，负载阻抗小，二次负载阻抗远小于其励磁阻抗，处于短路工作状态。电抗变压器与其相反。电抗变压器的励磁电流大，二次负载阻抗大，处于开路工作状态。

7. 电压互感器的开口三角形侧为什么不能反映三相正序、负序电压，而只反映零序电压？

答：开口三角形接线是将电压互感器的第三绕组按 a—x—b—y—c—z 首尾相连，输出电压为三相电压相量相加。由于三相的正序、负序电压相加等于零，而三相零序电压相加等于一相零序电压的 3 倍，故开口三角形的输出电压中只有零序电压。

8. 电压互感器在运行中为什么要严防二次侧短路？

答：电压互感器是一个内阻极小的电压源，当二次侧短路时，负载阻抗为零，将产生很大的短路电流，损坏电压互感器。

9. 怎样选择电压互感器二次回路的熔断器？

答：（1）熔断器的熔丝必须保证在二次电压回路内发生短路时，其熔断的时间小于保护装置的动作时间。

（2）熔断器的容量应满足在最大负荷时不熔断。

10. 电压互感器二次回路中熔断器（自动开关）的配置原则是什么？

答：（1）在电压互感器二次回路的出口应装设总熔断器或自动开关，用以切除二次回路的短路故障。

（2）电压互感器二次回路应装设监视电压回路完好的装置，当采用自动开关作为短路保护，应利用其辅助触点发出信号。

（3）开口三角绕组出口不应装设熔断器。

（4）接到保护、测控装置的电压互感器二次电压分支回路应装设熔断器（自动开关）。

（5）电压互感器中性点引出线上，一般不装设熔断器（自动开关）。

11. 电压互感器的开口三角形回路中为什么一般不装熔断器？

答：因为电压互感器的开口三角形两端正常运行时无电压，不会使熔断器熔断。如果装熔断器，当熔断器损坏而未发现，会致使零序方向保护拒动，也影响母线绝缘监测，故一般不装熔断器。

12. 变电站电压互感器二次回路的 N600 为什么要接地，应该如何接地？

答：为了避免一次与二次之间绝缘击穿时一次高压串入二次回路，造成设备损坏和危及人身安全。变电站所有电压互感器二次回路的 N600 应该在主控室一点接地。

13. 反措中，继电保护电压互感器二次回路接地应满足哪些要求？

答：公用电压互感器的二次回路只允许在控制室内有一点接

地，为保证接地可靠，各电压互感器的中性线不得接有可能断开的二次开关或熔断器等。已在控制室一点接地的电压互感器二次线圈，宜在开关场将二次线圈中性点经放电间隙或氧化锌阀片接地，其击穿电压峰值应大于 $30I_{max}$（V）（I_{max} 为电网接地故障时通过变电站的可能最大接地电流有效值，单位为 kA）。应定期检查放电间隙或氧化锌阀片，防止造成电压二次回路多点接地的现象。

14. 电压互感器有哪几种基本接线方式？

答：电压互感器的基本接线方式有三种，分别为 Yyd 接线，Yy 接线，Vv 接线。

15. 电压互感器二次侧 Y 侧 N600 和开口三角侧 N600 应用两芯电缆分别引至主控室接地，为什么不能共线？

答：因为当系统发生接地故障时，Y 侧和△侧均出现零序电压，其电流流过各自的负载，如果共线，则两个电流均在一根电缆上产生压降，使接入保护的 $3U_0$ 在数值和相位上产生失真，影响保护正确工作。

第二节 电流互感器

16. 电流互感器的主要作用是什么？

答：电流互感器的作用是把大电流变小电温流，供给保护和测量装置使用，从而计算出一次侧电流。同时可隔高离压，保证工作人员及二次设备的安全。

17. 电流互感器在运行中为什么要严防二次侧开路？

答：若二次侧开路，二次电流的去磁作用消失，一次电流完全变成励磁电流，引起铁芯内磁通剧增，铁芯处于高度饱和状态，会在二次绕组两端产生很高的电压，损坏二次绕组的绝缘，而且严重危及人身和设备的安全。

18. 为什么不允许电流互感器长时间过负荷运行？

答：电流互感器长时间过负荷运行会增大误差，保护和测量装置不能正确反映一次设备电流，易造成保护拒动或误动。同时，电流互感器长时间过负荷时，一、二次电流增大，会使铁芯和绕组过热，绝缘老化快，损坏电流互感器。

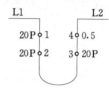

图 2-1　某电流互感器内部二次绕组的排列方式

19. 什么是电流互感器的同极性端子？

答：在一次绕组通入交流电流，二次绕组接入负载的同一瞬间，一次电流流入的端子和二次电流流出的端子，称之为同极性端子。

20. 一组电流互感器，其内部二次绕组的排列方式如图 2-1 所示，L1 靠母线侧，L2 靠线路侧。若第 1 组接线路保护，问：母差保护电流回路应接入哪一组，为什么？

答：应接入第 2 组，因第 2 组接母差保护，第 1 组接线路保护，可有效防止 TA 内部故障的保护死区（交叉接法），因 TA 底部故障率较高，若接 3 组，将扩大事故范围。

21. 对电流互感器及其二次回路进行外部检查的项目有哪些？

答：（1）检查电流互感器二次绕组在接线箱处接线的正确性及端子排列线螺钉压接的可靠性。

（2）检查电流二次回路接点与接地状况，在同一个电流回路中只允许存在一个接地点。

22. 变电站电流互感器二次绕组应该如何接地？

答：公用电流互感器二次绕组二次回路只允许，且必须在相关保护柜屏内一点接地。独立的，与其他电压互感器和电流互感器的二次回路没有电气联系的二次回路应在开关场一点接地。

23. 电流互感器、电压互感器安装竣工后，继电保护检验人员应进行哪些方面的检查？

答：电流互感器、电压互感器的变比、容量、准确级必须符合设计要求。测试互感器各绕组间的极性关系，核对铭牌上的极性标志是否正确；检查互感器各次绕组的连接方式及其极性关系是否与设计符合，相别标识是否正确。

24. 电流互感器应满足哪些要求？

答：（1）满足一次回路的额定电压、最大负荷电流及短路时的动、热稳定电流的要求。

（2）应满足二次回路测量仪表、自动装置的准确度等级和继电保护装置10％误差特性曲线的要求。

25. 电流互感器有几个准确度级别？各准确度适用于哪些地点？

答：电流互感器的准确度级别有0.2级、0.5级、1.0级、3.0级、D级等级。测量和计量仪表使用的电流互感器为0.5级、0.2级，只作为电流、电压测量用的电流互感器允许使用1.0级，对非重要的测量允许使用3.0级。

26. 某电流互感器二次有两套绕组，分别为"0.5级"和"5P30级"，"0.5级"表示什么意思？"5P30级"中的"5""P""30"分别表示什么意思？正常时，故障录波器应该接在哪一套绕组上？

答："0.5级"为表计等级，表示额定电流下误差不超过0.5％；"5P30"中"P"表示保护用等级，"30"指30倍额定电流下，"5"表示误差不超过5％；正常时，故障录波器应该接在"5P30"级，不可接在0.5级上。

27. 造成电流互感器测量误差的原因是什么？

答：测量误差分为数值（变比）误差和相位（角度）误差两种。产生测量误差的原因分为电流互感器本身造成的及运行和使用条件造成的两种。其本身造成的测量误差是由于电流互感器有励磁电流的存在，而励磁电流是输入电流的一部分，它不传变到二次侧，因此形成了变比误差。励磁电流除了在铁芯中产生磁通外，还产生铁芯损耗，包括涡流损耗和磁滞损耗。励磁电流所流经的励磁支路是一个呈电感性的支路，励磁电流和折算到二次侧的一次输入量不同相位，这是造成角度误差的主要原因。运行和使用中造成的测量误差过大是电流互感器铁芯饱和和二次负载过大所致。

28. 正常使用的电流互感器，当 10%误差不满足要求时，可采取哪些措施？

答：（1）增加二次电缆截面。

（2）串接备用电流互感器使允许负载增加 1 倍。

（3）改用伏安特性较高的二次绕组。

（4）提高电流互感器变比。

29. 电流互感器有哪几种基本接线方式？

答：电流互感器的基本接线方式有：完全星形接线、两相两继电器不完全星形接线、两相一继电器电流差接线、三角形接线和三相并接零序接线。

30. 电流互感器的二次负载阻抗如果超过其容许的二次负载阻抗，为什么准确度就会下降？

答：电流互感器二次负载阻抗的大小对互感器的准确度有很大影响。电流互感器的二次负载阻抗超出了所容许的二次负载阻抗时，励磁电流的数值就会大大增加，使铁芯进入饱和状态，一次电流的很大一部分用来提供励磁电流，互感器的误差增大，其准确度随之下降。

31. 在常规变电站中，220kV、110kV 和 35kV 母线保护的电流极性是如何规定的？

答：在常规变电站中，220kV、110kV 和 35kV 母线保护的电流一般以母线为正方向，电流均指向母线。

32. 在常规变电站中，220kV、110kV 和 35kV 变压器差动保护的电流极性是如何规定的？

答：在常规变电站中，220kV、110kV 和 35kV 变压器差动保护的电流一般以母线为正方向，电流均指向变压器。

33. 在变电站施工中，如何用直流法测定电流互感器的极性？

答：首先，将电池正极接电流互感器的 P1，负极接 P2；其次，将直流毫安表的正极接电流互感器的 S1，负极接 A2；最后，在电池开关合上或直接接通瞬间，直流毫安表正偏，电池开关断开的瞬间，毫安表应反偏，则电流互感器极性正确。

34. 运行中的电流互感器，如何利用其声响判断其是否有故障？

答：若电流互感器有较小的、均匀的"嗡嗡"声，说明电流互感器运行正常；如果电流互感器一次负荷突然增大或过载，"嗡嗡"声很大，可能是二次回路开路引起的；内部有较大的"噼啪"放电声，可能是线圈故障，此时应申请将电流互感器停用检查。

35. 为什么有些保护用的电流互感器的铁芯在磁回路中留有小气隙？

答：为了使在重合闸过程中，铁芯中的剩磁很快消失，以免重合于永久性故障时有可能造成铁芯磁饱和，以保证重合于永久故障时保护能够快速动作。

36. 在带电的电流互感器二次回路上工作时应采取哪些安全措施？

答：（1）严禁将电流互感器二次侧开路。

（2）短路电流互感器二次绕组必须使用短路片或短路线，短路应妥善可靠，严禁用导线缠绕。

（3）严禁在电流互感器与短路端子之间的回路上和导线上进行任何操作。

（4）工作必须认真、谨慎，不得将回路的永久接地点断开。

（5）工作时，必须有专人监护，使用绝缘工具，并站在绝缘垫上。

37. 某设备的电流互感器为不完全星形接线，使用的电流互感器开始饱和点的电压为 60V（二次值），继电器的整定值为 50A，二次回路实测负载 1.5Ω，要求用简易方法计算并说明此电流互感器是否满足使用要求？

答：由电流保护的定值可知，电流互感器两端的实际电压为 $50 \times 1.5 = 75$（V），此电压高于电流互感器开始饱和点的电压 60V，故初步确定该电流互感器不满足要求。

第三章　重　合　闸

1. 线路保护中重合闸方式有几种？

答：单相重合闸方式、三相重合闸方式、综合重合闸方式和停用重合闸方式。

2. 单相重合闸方式如何定义？

答：单相重合闸方式是指当线路发生单相故障时，跳开故障相，实现一次单相重合闸；当发生各种相间故障时，则跳开三相不进行重合闸。

3. 三相重合闸方式如何定义？

答：三相重合闸方式是指当线路发生各种类型故障时，均跳开三相，实现一次三相重合闸。

4. 综合重合闸方式如何定义？

答：综合重合闸方式是指当线路发生单相故障时，跳开故障相，实现一次单相重合闸；当线路发生各种相间故障时，则跳开三相，实现一次三相重合闸。

5. 停用重合闸方式如何定义？

答：停用重合闸方式是指当线路发生各种故障时，跳开三相，不进行重合闸。

6. 装有重合闸的线路，在哪些情况下不允许或不能重合闸？

答：(1) 手动或遥控跳闸。

(2) 断路器失灵保护动作跳闸。

(3) 停用重合闸时跳闸。

（4）重合闸在投运单相重合闸位置，三相跳闸时。

（5）重合于永久性故障又跳闸。

（6）母线保护动作跳闸不允许使用母线重合闸时。

（7）变压器差动、瓦斯保护动作跳闸时。

7. 重合闸装置何时应停用？

答：（1）运行中发现装置异常。

（2）电源联络线路有可能造成非同期合闸时。

（3）充电线路或试运行线路。

（4）经省调主管生产领导批准不宜使用重合闸的线路。

（5）线路有带电作业。

8. 什么是检无压重合闸？

答：当线路故障，两侧断路器跳开，当一侧断路器检查线路无电压后进行重合称为检无压重合闸。

9. 什么是检同期重合闸？

答：当线路故障，一侧断路器通过检无压后进行重合，另一侧断路器在检查线路有电压，且两侧电源相位差满足整定要求时进行重合称为检同期重合闸。

10. 什么是重合闸不检？

答：当线路故障，保护装置不判定系统电压和同期条件，经重合闸整定时间后直接进行重合称为重合闸不检。

11. 什么是重合闸前加速和后加速保护？

答：重合闸前加速保护是指当线路发生故障时，线路保护无选择性地无时限地跳开断路器，重合闸动作一次重合，若线路仍有故障，保护装置按选择性动作跳开断路器。

重合闸后加速保护是线路发生故障时，首先按保护的动作时限有选择性地动作跳闸，然后重合闸装置动作使断路器重合。当合闸于永久故障时，使保护不带延时无选择性地动作断开断路器。

12. 使用单相重合闸时应考虑哪些问题？

答：（1）重合闸过程中出现的非全相运行状态有可能引起本线路或其他线路的保护误动作时，应采取措施予以防止。

（2）如果电力系统不允许长期非全相运行，为防止断路器一相断开后由于单相重合闸装置拒绝合闸而造成非全相运行，应采取措施断开三相，并保证选择性，如三相不一致保护。

13. 对综合重合闸中的选相元件有哪些基本要求？

答：（1）在被保护范围内发生非对称接地故障时，故障相选相元件必须可靠动作，并应有足够的灵敏度。

（2）在被保护范围内发生单相接地故障以及在切除故障相后的非全相运行状态下，非故障相的选相元件不应误动作。

（3）选相元件的灵敏度及动作时间都不应影响线路主保护的性能。

（4）个别选相元件拒动时，应能保证正确跳开三相断路器，并进行三相重合闸。

14. 在综合重合闸装置中，为什么通常采用"短延时"和"长延时"两种重合闸时间？

答：这是为了使三相重合和单相重合的重合时间可以分别进行整定。因为由于潜供电流的影响，一般单相重合的时间要比三相重合的时间长。另外可以在高频保护投入或退出运行时采用不同的重合闸时间。当高频保护投入时，重合闸时间投"短延时"；当高频保护退出运行时，重合闸时间投"长延时"。

15. 潜供电流对重合闸有什么影响？

答：超高压远距离输电线两侧单相跳闸后会出现潜供电流，潜供电流使短路处的电弧不能很快熄灭，如果采用单相快速重合闸，将会又一次造成持续性的弧光接地而使单相重合闸失败。所以单相重合闸的时间必须考虑到潜供电流的影响。

16. 综合重合闸装置的动作时间为什么应从最后一次断路器跳闸算起？

答：采用综合重合闸后，线路必然会出现非全相运行状态。实践证明，在非全相运行期间，健全相可能出现又发生故障的情况。这种情况一旦发生，就有可能出现因健全相故障，其断路器跳闸后没有适当的间隔时间就立即合闸的现象，最严重的是断路器一跳闸就立即合闸。这时，由于故障点电弧去游离不充分，造成重合不成功，同时由于断路器刚刚分闸完毕又接着合闸，其遮断容量减小。对某些断路器来说还有可能引起爆炸。为防止这种情况发生，综合重合闸装置的动作时间应从断路器最后一次跳闸算起。

17. 哪些保护必须闭锁重合闸？怎样闭锁？

答：一般母线保护和失灵保护以及作为相邻线路动作的保护段等要闭锁重合闸。闭锁方法是将母线保护或失灵保护等的接点接通重合闸的放电回路，使重合闸迅速放电而不能重合。

18. 自动重合闸的启动方式有哪几种？各有什么特点？

答：自动重合闸有断路器控制开关位置与断路器位置不对应启动方式和保护启动方式两种。不对应启动方式的优点是简单可靠，还可以纠正断路器误碰或偷跳，可提高供电可靠性和系统运行的稳定性，在各级电网中具有良好运行效果，是所有重合闸的基本启动方式。其缺点是，当断路器辅助触点接触不良时，不对应启动方式将失效。保护启动方式是不对应启动方式的补充。同时，在单相重合闸过程中需要进行一些保护的闭锁，逻辑回路中需要对故障相实现选相固定等，也需要一个由保护启动的重合闸启动元件。其缺点是不能纠正断路器误动。

19. 准同期并列的条件有哪些？条件不满足将产生哪些影响？

答：准同期并列的条件是系统母线电压和线路电压的电压大小相等、相位相同且频率相等。若条件不满足时进行并列，会引起冲击电流。电压的差值越大，冲击电流就越大；频率的差值越大，冲击电流的周期越短，而冲击电流对电力系统危害较大。

20. 电缆线路是否采用重合闸？为什么？

答：一般不采用。电缆线路瞬时故障比较少，一般都是绝缘击穿的永久性故障。采用重合闸可能会加剧绝缘电缆损坏程度。

21. 低气压闭锁重合闸开入与闭锁重合闸开入在使用上有什么区别？

答：低气压闭锁重合闸开入与闭锁重合闸开入的功能均为闭锁重合闸，即对重合闸放电。它们的区别是，低气压闭锁重合闸开入接气压机构的输出触点，它仅在装置启动前监视，启动后不再监视，目的是防止跳闸过程中可能由于气压短时降低而导致低气压闭锁重合闸开入短时接通而误闭锁重合闸。闭锁重合闸开入不管在任何时候接通，均会对重合闸放电而闭锁重合闸。

22. 线路重合闸成功次数的计算方法是什么？

答：（1）单侧电源线路，若电源侧重合成功，则线路重合成功次数为 1。综合重合闸综重方式应单跳单合，三相重合闸多相或三相跳闸应重合。

（2）两侧（或多侧）电源线路，若两侧（或多侧）均重合成功，则线路重合成功次数为 1。若一侧拒合（或重合不成功），则线路重合成功次数为 0。

（3）未装重合闸、重合闸停用、一侧重合闸停用另一侧运行、相间故障单相重合闸不重合及电抗器故障跳闸不重合等因为系统要求而不允许重合的均不统计线路重合成功率。

第四章　线路保护

第一节　基本概念

1. 什么是断路器的跳跃？

答： 跳跃是指断路器在手动合闸、遥控合闸或保护装置重合闸时，操作控制开关未复归或控制把手触点、保护装置触点发生粘连，使得合闸回路一直导通，发生故障时保护装置动作使断路器跳闸后，断路器再次合闸，由于故障存在，保护动作再次跳闸，从而发生的多次反复"跳-合"的现象。

2. 什么是断路器的防跳？

答： 防跳，就是利用保护装置或断路器操作机构箱的防跳回路，使得断路器跳闸时切断合闸回路，以防止断路器反复跳跃的发生。

3. 如何检验断路器的防跳功能？

答： 首先合上断路器，然后将操作把手始终处于合闸位置，此时向装置通入故障电流，断路器跳开后，没有合上，则说明防跳回路起作用了。

4. 线路保护装置中，操作回路中合后继电器（KKJ）的作用是什么？

答： 由电力系统 KK 操作把手的合后位置接点延伸出来的，传统的操作把手一共有"预合""合""合后""预分""分""分后"6 个状态，其中"合后"和"分后"接点是用来判断断路器是人为合上或者分开。操作回路中的 KKJ 是一个双线圈磁保持双位置继电器，当动作线圈加一个触发电压，KKJ 动作闭合，即使此时线圈失电，仍然保持闭合状态，只有当复归线圈动作后 KKJ 接点才会返回。

5. 合闸保持继电器（HBJ）和跳闸保持继电器（TBJ）在操作回路中的作用是什么？

答：合闸保持继电器（HBJ）和跳闸保持继电器（TBJ）分别作用于合闸和跳闸回路。当保护跳闸继电器动作后，使得跳闸回路导通，TBJ 继电器动作，其保持回路中的常开接点 TBJ 闭合，此时即使保护跳闸继电器返回，仍然可以保证跳闸回路的导通，直到具有断弧能力的断路器辅助常开接点打开为止。同样，当保护合闸继电器动作后，HBJ 合闸保持回路也相应启动。

6. 操作回路是如何利用合位继电器（HWJ）和跳位继电器（TWJ）实现回路监视的？

答：当断路器处于"合位"时，其跳闸回路是导通的，但由于断路器的跳闸线圈电阻通常为 $50\sim200\Omega$，从而控制电压大部分加在了 HWJ 及串接的电阻上，使得跳闸线圈的励磁电流不足以使其动作，这样就实现了合位监视的作用。

7. 双母接线方式中，线路保护的电压如何选取？

答：双母接线方式中，线路有可能挂在Ⅰ母，有可能挂在Ⅱ母，借助电压切换回路，除了母线隔离开关双跨之外，通过线路母线隔离开关位置，可以从硬件上实现母线电压的自动选取并切换。

8. 大短路电流接地系统中，输电线路接地保护方式主要有哪几种？

答：纵联保护、零序电流保护和接地距离保护等。

9. 在 110～220kV 中性点直接接地电网中，后备保护的装设应遵循哪些原则？

答：110kV 线路保护宜采用远后备方式；220kV 线路保护

宜采用近后备方式，若某些线路能实现远后备，则宜采用远后备方式，或同时采用远、近结合的后备方式。

10. 110kV 短线路的保护应该如何配置？

答：对 110kV 短线路，较合理的保护配置为接地距离保护Ⅰ段、Ⅱ段和零序电流保护。两种保护各自配合整定，各司其责。接地距离保护用以取得本线路的瞬时保护段和有较短时限与足够灵敏度的全线第Ⅱ段保护；零序电流保护则以保护高电阻故障为主要任务，保证与相邻线路的零序电流保护间有可靠的选择性。

11. 系统振荡电气量的变化有哪些？

答：系统振荡时系统各点电压和电流值均做往复性摆动，系统任一点电流与电压之间的相位角都随功角变化而变化，同时振荡过程中，系统是对称的，故电气量中只有正序分量。

12. 短路故障电气量的变化有哪些？

答：短路故障时电流、电压突变，振荡时电流、电压值的变化速度较慢，短路时电流、电压值变化量很大，电流与电压之间的相位角基本不变，短路时各电气量中不可避免地将出现负序或零序分量。

13. 正序、负序、零序分量的含义及特点是什么？

答：电力系统的正序、负序、零序分量是根据 A、B、C 三相的顺序来确定的，正序分量为 A 相领先 B 相 120°，B 相领先 C 相 120°，C 相领先 A 相 120°，负序分量为 A 相落后 B 相 120°，B 相落后 C 相 120°，C 相落后 A 相 120°，零序分量则 A、B、C 三相相位相同。正序分量在系统中始终存在，零序和负序分量是故障分量，正常时为零，仅在故障时出现。零序、负序分量是稳定的故障分量，只有不对称故障存在，零序和负序分量才存在，且能保护不对称故障。由零序、负序分量构成的保护既可以实现快速保护，也可以实现延时的后备保护。

14. 超高压远距离输电线两侧单相跳闸后为什么会出现潜供电流？

答：单相接地故障两侧单相跳闸后，非故障相仍处在工作状态。由于各相之间存在耦合电容，所以非故障相通过耦合电容向故障点供给电容性电流，同时由于各相之间存在互感，所以带负荷的两相将在故障相产生感应电动势，该感应电动势通过故障点及相对地电容形成回路，向故障点供给感性电流，这两部分电流总称为潜供电流。

第二节　电流、电压保护

15. 电流速断保护的整定原则是什么？

答：按照本线路末端母线短路的最大短路电流整定，以保证相邻下一级出线故障时，不越级动作。

16. 电流速断保护有什么特点？

答：接线简单，动作可靠，将保护范围限定在本段线路上，在时间上无需与下段线路配合，可做成瞬动保护，切除故障快。保护的动作电流可按躲过本线路末端短路时最大短路电流来整定。不能保护线路全长，保护范围受系统运行方式变化的影响较大，最小保护范围应不小于本段线路全长的 15%～20%。

17. 什么是带时限速断保护？其保护范围是什么？

答：具有一定时限的过流保护称为带时限速断保护，保护范围主要是本线路末端，并延伸至下一段线路的始端。

18. 为什么要设置电流速断保护？

答：为了克服定时限保护越靠近电源，保护装置动作时限越长的缺点。

19. 什么是定时限过电流保护？

答：为了实现电流保护的动作选择性，各保护的动作时间一般按阶梯原则进行整定。即相邻保护的动作时间，自负荷向电源方向逐级增大，且每套保护的动作时间是恒定不变的，与短路电流的大小无关，具有这种动作时限特性的过电流保护称为定时限过电流保护。

20. 定时限过电流保护的特点是什么？

答：（1）动作时限固定，与短路电流大小无关。

（2）各级保护时限呈阶梯形，越靠近电源动作时限越长。

（3）除保护本段线路外，还作为下一段线路的后备保护。

21. 什么是反时限过电流保护？

答：反时限过电流保护是指动作时间随短路电流的增大而自动减小的保护。使用在输电线路上的反时限过电流保护能更快地切除被保护线路首端的故障。

22. 什么是复合电压启动的过电流保护？

答：复合电压启动的过电流保护又称为复压闭锁过流保护，是在过电流保护的基础上，加入由一个负序电压继电器和一个接在相间电压上的低电压继电器组成的复合电压启动元件构成的保护。只有在电流测量元件及符合电压启动元件均动作时，保护装置才能动作于跳闸，二者缺一不可。

23. 复合电压闭锁过电流保护的负序电压定值一般是按什么原则整定的？为什么？

答：系统正常运行时，三相电压基本上是正序分量，负序分量很小，因此负序电压元件的定值按正常运行时负序电压滤过器输出的不平衡电压整定，一般取 5～7V。

24. 相间方向电流保护中，功率方向继电器一般使用的内角为多少度？采用 90°接线方式有什么优点？

答：相间功率方向继电器一般使用的内角为 45°。采用 90°接线具有以下优点：

（1）在被保护线路发生各种相间短路故障时，继电器均能正确动作。

（2）在短路阻抗角可能变化的范围内，继电器都能工作在最大灵敏角附近，灵敏度比较高。

（3）在保护安装处附近发生两相短路时，由于引入了非故障相电压，保护没有电压死区。

25. 方向性电流保护为什么有死区？

答：当靠近保护安装处附近发生三相短路时，故障电压接近于零，方向元件不动作，方向电流保护也将拒动，出现死区。死区长短由方向继电器最小动作电压及背后系统阻抗决定，实际中消除方法常采用记忆回路。

26. 3kV 及以上的并联补偿电容器组的哪些故障及异常运行方式应装设相应的保护？

答：（1）电容器组和断路器之间连接线短路。

（2）电容器内部故障及其引出线短路。

（3）电容器组中，某一故障电容器切除后所引起剩余电容器的过电压。

（4）电容器组的单相接地故障。

（5）电容器组过电压。

（6）所连接的母线失压。

（7）中性点不接地的电容器组，各组对中性点的单相短路。

27. 电力电容器为什么装设低压保护？

答：电容器所接母线失去电压后，若电容器开关不跳开，当母线电压恢复时，变压器和电容器将同时投入，若电容器的积累电荷未完全释放，将使电容器再次充电也能造成电容器过电压损坏，故需装设电容器低压保护。

28. 什么是电力电容器不平衡电压保护？

答：电力电容器不平衡电压保护用于反映电容器内部故障时开口三角的不平衡电压，适用于单星形接线电容器组。

29. 什么是电力电容器不平衡电流保护？

答： 电力电容器不平衡电流保护用于反映电容器内部故障时的中性线不平衡电流，适用于双星形接线电容器组。

30. 电容器为什么不允许装设自动重合闸装置？

答： 电容器不允许装设自动重合闸装置，相反应装设无压释放自动跳闸装置，这是因为电容器放电需要一定时间，电容器组的断路器跳闸后，若重合闸动作，由于电容器来不及放电，在电容器中就可能残存着与重合闸电压极性相反的电荷，会使合闸瞬间产生很大的冲击电流，造成电容器损坏。

第三节　距　离　保　护

31. 什么是距离保护的时限特性？

答： 距离保护一般分为三段式。第Ⅰ段的保护范围一般为被保护线路全长的 $80\%\sim85\%$，动作时间 t_1 为保护装置的固有动作时间。第Ⅱ段的保护范围需与下一线路的保护定值相配合，一般为被保护线路的全长及下一线路全长的 $30\%\sim40\%$，其动作时限 t_2 要与下一线路距离保护第Ⅰ段的动作时限相配合。第Ⅲ段为后备保护，其保护范围较长，包括本线路和下一线路的全长乃至更远，其动作时限 t_3 按阶梯原则整定。

32. 为什么距离保护的Ⅰ段保护范围通常选择为被保护线路全长的 $80\%\sim85\%$？

答： 距离保护第Ⅰ段的动作时限为保护装置本身的固有动作时间，为了和相邻的下一线路的距离保护第Ⅰ段有选择性地配合，两者的保护范围不能有重叠的部分。如果第Ⅰ段的保护范围为被保护线路的全长，就不可避免地要延伸到下一线路，此时，若下一线路出口故障，则相邻的两条线路的第Ⅰ段会同时动作，造成无选择性地切断故障。所以，第Ⅰ段保护范围通常取被保护线路全长的 $80\%\sim85\%$。

33. 什么是方向阻抗继电器？

答：方向阻抗继电器是指它不仅能测量阻抗的大小，还能反应系统工作电流（测量电流）和工作电压（测量电压）的相位关系，能判断故障方向。在多电源的复杂系统中，测量元件应能准确反应短路故障点的方向，故方向阻抗继电器是距离保护装置中的一种常用的测量元件。

34. 什么是方向阻抗继电器的最大灵敏角？试验出的最大的灵敏角允许与定值单上所给的线路阻抗角相差多少度？

答：方向阻抗继电器的最大动作阻抗（幅值）的阻抗角，称为最大灵敏角。被保护线路发生相间短路时，短路电流与继电器安装处电压间的夹角等于线路的阻抗角。

为了使继电器工作在最灵敏状态下，要求继电器的最大灵敏角等于被保护线路的阻抗角。最大灵敏角应不大于定值单中给定的线路阻抗角的±5°。

35. 方向阻抗继电器采用电压记忆量作极化，除了消除死区外，对继电保护特性还带来什么改善？

答：（1）反向故障时，继电器暂态特性抛向第一象限，使动作区远离原点，避免因背后母线上经小过渡电阻短路时，受到受电侧电源的助增而失去方向性导致的误动。

（2）正方向故障时，继电器暂态特性包括电源阻抗的偏移特性，避免相邻线始端经电阻短路，使继电器越级跳闸。

（3）在不对称故障时，$U_1 \neq 0$，不存在死区问题。

36. 距离保护Ⅰ段、Ⅱ段、Ⅲ段如何整定？

答：距离保护Ⅰ段按线路阻抗的80%整定。距离Ⅱ段要求全线有灵敏度，整定上要求与相邻线路的距离Ⅰ段配合。距离Ⅲ段是距离保护的后备段，除要求与相邻线路距离Ⅱ段配合外，还要求能躲过最大负荷阻抗。

37. 接地距离保护有什么优点？

答：接地距离保护的优点是瞬时段的保护范围固定，可以比较容易获得有较短延时和足够灵敏度的第Ⅱ段接地保护，特别适合于短线路的Ⅰ段、Ⅱ段保护。

38. 线路距离保护振荡闭锁的控制原则是什么？

答：（1）单侧电源线路和无振荡可能的双侧电源线路的距离保护不应经振荡闭锁。

（2）35kV 及以下线路距离保护不考虑系统振荡误动问题。

（3）预定作为解列点上的距离保护不应经振荡闭锁控制。

（4）躲过振荡中心的距离保护瞬时段不宜经振荡闭锁控制。

（5）动作时间大于振荡周期的距离保护段不应经振荡闭锁控制。

（6）当系统最大振荡周期为 1.5s 时，动作时间不小于 0.5s 的距离保护Ⅰ段，不小于 1.0s 的距离保护Ⅱ段和不小于 1.5s 的距离保护Ⅲ段不应经振荡闭锁控制。

39. 为什么有些距离保护的Ⅰ、Ⅱ段需经振荡闭锁装置，而Ⅲ段不经振荡闭锁装置？

答：系统振荡周期一般为 0.15～3s，而距离保护第Ⅰ、Ⅱ段的动作时间较短，躲不过振荡周期，因此需经振荡闭锁装置，第Ⅲ段的动作时间一般都大于振荡周期，因此可以不经振荡闭锁装置。

40. 电力系统振荡对距离保护有何影响？

答：（1）阻抗继电器动作特性在复平面上所占面积越大，受振荡影响就越大。

（2）振荡中心在保护范围内，则保护受影响会造成误动，而且越靠近振荡中心受振荡的影响就越大。

（3）振荡中心若在保护范围外或保护范围的反方向，则不受影响。

（4）若保护动作时限大于系统的振荡周期，则不受振荡的影响。

41. 电气化铁路对常规距离保护有何影响？

答：电气化铁路是单相不对称负荷，其换流的影响使系统中各次谐波分量骤增。电流的基波负序分量、突变量以及高次谐波均导致距离保护振荡闭锁频繁开放。频繁开放增加了保护误动作概率，每次开放后都要关闭较长时间才能复归，相当于保护频繁地退出运行，闭锁期间遇有故障将失去保护。另外切换继电器频繁动作常使接点烧坏，直接导致失压误动。

42. 在大接地电流系统中，为什么相间保护动作的时限比零序保护动作的时限长？

答：保护的动作时限一般按阶梯性原则整定。相间保护的动作时限，是由用户到电源方向每级保护递增一个时间级差构成的，而零序保护则由于降压变压器大多是 Y/△接线，当低压侧接地短路时，高压侧无零序电流，其动作时限不需要与变压器低压侧用户相配合。所以零序保护的动作时限比相间保护的短。

43. 距离保护对振荡闭锁回路的基本要求是什么？

答：（1）系统发生各种类型的故障，保护应不被闭锁而能可靠动作。

（2）系统发生振荡而没有故障，应可靠将保护闭锁，且振荡不停息，闭锁不解除。

（3）在振荡过程中发生故障时，保护应能正确动作。

（4）先故障而后发生振荡时，保护不会无选择动作。

44. 正序电压用作极化电压的好处是什么？

答：（1）故障后各相正序电压的相位始终保持故障前的相位不变，与故障类型无关。

（2）除了三相短路以外，幅值不会降到零，即无死区。

（3）构成的元件性能好。例如方向元件的极化电压改用正序电压后，其选相性能大大改善。

45. 为什么"四统一"设计中不考虑相间距离保护启动断路器失灵保护？

答：（1）在 220kV 电网中广泛使用分相操作断路器，只考虑断路器一相拒动。这样任何相间故障在断路器一相拒动时都转化为保留的单相故障。此时，只有依靠零序电流保护实现断路器失灵保护的作用，而用相间距离保护启动失灵保护并无实际意义。

（2）在 110kV 电网中，线路都采用三相操作机构，但 110kV 电网继电保护的配置原则是"远后备"，即依靠上一级保护装置的动作来断开下一级未能断开的故障，因而没有设置断路器失灵保护的必要。

46. 阻抗继电器测量阻抗的含义是什么？

答：测量阻抗是指阻抗继电器测量到的阻抗，是实现距离保护的基础，要求测量阻抗的精度要高，满足继电保护相关要求。

47. 阻抗继电器动作阻抗的含义是什么？

答：动作阻抗是指能使阻抗继电器动作的最大测量阻抗，是测量阻抗和整定阻抗比较的结果。

48. 阻抗继电器整定阻抗的含义是什么？

答：整定阻抗是指编制整定方案时根据保护范围给出的阻抗，发生短路时，当测量阻抗等于或小于整定阻抗时，阻抗继电器动作。

49. 影响阻抗继电器正确测量的因素有哪些？

答：（1）故障点的过渡电阻。

（2）保护安装处与故障点之间的助增电流和汲出电流。

（3）测量互感器的误差。

（4）电力系统振荡。

（5）电压二次回路断线。

（6）被保护线路的串补电容。

50. 系统发生短路和系统振荡时测量电抗、测量电阻如何变化？

答：系统发生短路时，测量电抗、测量电阻均有突变，且变化量较大，随后，测量电抗、测量电阻几乎没有变化。系统发生振荡时，测量电抗、测量电阻会持续出现缓慢变化，直至振荡停息，但变化量不大。

51. 四边形动作特性阻抗继电器的基本特点是什么?

答：四边形动作特性阻抗继电器能较好地符合短路时测量阻抗的性质，反映故障点过渡电阻能力强，避开负荷阻抗能力好。

52. RCS-901（2）距离保护的振荡闭锁分几部分?

答：RCS-901（2）距离保护的振荡闭锁分四部分：

（1）无振荡时故障瞬时开放保护160ms。

（2）振荡中再不对称区内故障，开放保护，区外故障闭锁保护。

（3）振荡中再区内对称故障开放保护。

（4）非全相振荡闭锁保护；非全相再故障开放保护。

第四节 零 序 保 护

53. 什么是零序保护?

答：在大短路电流接地系统中发生接地故障后会出现零序电流、零序电压和零序功率，利用这些电量构成保护接地短路的继电保护装置统称为零序保护。

54. 零序电流保护由哪几部分组成?

答：零序电流保护主要由零序电流（电压）滤过器、电流继电器和零序方向继电器三部分组成。

55. 零序电流保护有什么优点?

答：结构与工作原理简单，整套保护中间环节少，可以实现快速动作，保护范围比较稳定；保护反映于零序电流的绝对值，受故障过渡电阻的影响较小；保护定值不受负荷电流的影响，基本不受其他中性点不接地电网短路故障的影响，保护效果好。

56. 电力系统在什么状况下运行将出现零序电流？

答：电力系统在三相不对称运行状况下将出现零序电流，包括：

（1）电力变压器三相运行参数不同。

（2）电力系统中有接地故障。

（3）单相重合闸过程中的两相运行。

（4）三相重合闸和手动合闸时断路器三相不同期投入。

（5）空载投入变压器时三相的励磁涌流不相等。

57. 什么情况下，零序电流保护不需要经方向元件控制？

答：零序电流保护不需要经方向元件控制的情况，一是反方向也能满足配合要求，二是除保护安装侧外，对侧无变压器中性点接地。

58. 大接地电流系统中发生接地短路时，零序电流的分布与什么有关？

答：零序电流的分布只与系统的零序网络有关，与电源的数目无关。当增加或减小中性点接地的变压器台数时，系统零序网络将发生变化，从而改变零序电流的分布。当增加或减少接在母线上中性点不接地变压器台数，而中性点接地变压器的台数不变时，只改变接地电流的大小，而与零序电流的分布无关。

59. 零序电流分支系数的选择要考虑哪些情况？

答：零序电流分支系数的选择，要对各种运行方式和线路对侧断路器跳闸前或跳闸后等各种情况进行比较，选取其最大值。在复杂的环网中，分支系数的大小与故障点的位置有关，在考虑与相邻线路零序电流保护配合时，应利用图解法选用故障点在被配合段保护范围末端时的分支系数。但为了简化计算，可选用故障点在相邻线路末端时的可能偏高的分支系数，也可选用与故障点位置有关的最大分支系数。

60. 大短路接地系统的零序电流保护的时限特性和相间短路电流保护的时限特性有什么异同？

答：接地故障和相间故障电流保护的时限特性都按阶梯原则

整定。不同之处在于接地故障零序电流保护的动作时限不需要从离电源最远处的保护逐级增大，而相间故障的电流保护的动作时限必须从离电源最远处的保护开始逐级增大。

61. 大接地电流系统为什么不利用三相相间电流保护兼作零序电流保护，而要单独采用零序电流保护？

答：三相式 Y 形接线的相间电流保护虽能反映接地短路，但用来保护接地短路时，在定值上要躲过最大负荷电流，在动作时间上要由用户到电源方向按阶梯原则逐级递增一个时间级差来配合。而专门反映接地短路的零序电流保护则不需要按此原则来整定，灵敏度高，动作时限短，且因线路的零序阻抗比正序阻抗大得多，零序电流保护的保护范围长，上下级保护之间容易配合。所以，一般不用相间电流保护兼作零序电流保护。

62. 在大短路电流接地系统中，为什么有时要加装方向继电器组成零序电流方向保护？

答：在大短路电流接地系统中，如线路两端的变压器中性点都接地，当线路上发生接地短路时，在故障点与各变压器中性点之间都有零序电流流过。为了保证各零序电流保护有选择性动作和降低定值，须加装方向继电器，使其动作带有方向性，使得零序方向电流保护在母线向线路输送功率时投入，线路向母线输送功率时退出。

63. 大电流接地的单端电源供电系统中，在负荷端的变压器中性点接地的运行方式下，请问线路发生单相接地时，供电端的正序、负序、零序电流是不是就是短路点的正序、负序、零序电流？

答：正序电流就是短路点的正序电流，而负序和零序电流不是短路点的负序、零序电流，因为负荷端也有负序、零序网络。

64. 大短路电流接地系统中为什么要单独装设零序保护？

答：三相 Y 形接线的过电流保护虽能保护接地短路，但其灵敏度较低，保护时限较长。采用零序保护可克服此不足，一是因为系统正常运行和发生相间短路时，不会出现零序电流和零序电压，零序保护的动作电流整定值可以较小，提高其灵敏度；二是因为 Y/△接线降压变压器，△侧以后的故障不会在 Y 侧反映出零序电流，所以零序保护的动作时限可以不必与该种变压器以后的线路保护相配合而取较短的动作时限。

65. 小接地电流系统中，为什么单相接地保护在多数情况下只是用来发信号，而不动作于跳闸？

答：小接地电流系统中，一相接地时并不破坏系统电压的对称性，通过故障点的电流仅为系统的电容电流，或是经过消弧线圈补偿后的残流，其数值很小，对电网运行及用户的工作影响较小。为了防止再发生一点接地时形成短路故障，一般要求保护装置及时发出预警信号，以便值班人员酌情处理。

66. 零序电流保护的整定值为什么不需要避开负荷电流？

答：零序电流保护反映的是零序电流，而负荷电流中不包含（或很少包含）零序分量，故不必考虑避开负荷电流。

67. 采用单相重合闸的线路的零序电流保护的最末一段的时间为什么要躲过重合闸周期？

答：（1）零序电流保护最末一段通常都要求作为相邻线路的远后备保护以及保证本线经较大的过渡电阻（220kV 为 100Ω）接地仍有足够的灵敏度，其定值一般整定得较小。线路重合过程中非全相运行时，在较大负荷电流的影响下，非全相零序电流有可能超过其整定值而引起保护动作。

（2）为了保证本线路重合过程中健全相发生接地故障能有保护可靠动作切除故障，零序电流保护最末一段在重合闸启动后不能被闭锁。

68. 负序电流增量启动元件有何优点？

答：（1）躲振荡能力强。

（2）灵敏度高。

（3）非全相运行中一般不会误动。

69. 利用负序电流增量比利用负序电流稳态值构成的振荡闭锁装置有哪些优点？

答：利用负序电流增量构成的振荡闭锁装置反映负序电流的变化量，能更可靠地躲过非全相运行时出现的稳态负序电流和负序电流滤过器的不平衡电流，使振荡闭锁装置具有更高的灵敏度和可靠性。

第五节 纵 联 保 护

70. 纵联保护在电网中的重要作用是什么？

答：纵联保护在电网中可实现全线速动，可以保护线路全长，保证电力系统并列运行的稳定性和提高输送功率，缩小故障造成的破坏程度，改善与后备保护的配合性，保证系统供电可靠性。

71. 纵联保护的通道可分为几种类型？

答：（1）电力线载波纵联保护，简称高频保护。

（2）微波纵联保护，简称微波保护。

（3）光纤纵联保护，简称光纤保护。

（4）导引线纵联保护，简称导引线保护。

72. 纵联保护通道传送的信号按其作用的不同，可分为哪三种信号？

答：跳闸信号、允许信号和闭锁信号。

73. 光纤通道线路纵联电流差动保护的优点是什么？

答：具有光纤通道的线路纵联电流差动保护配有分相式电流差动和零序电流差动，不受系统振荡影响，在非全相运行中有选择性地快速动作，可防止区外故障误动，不受失压影响，抗过渡电阻能力强，可靠性高。同时，在短线路上使用，不需要电容电流补偿功能。

74. 光纤分相差动保护的特点是什么？

答：（1）能提高区内短路的灵敏性，同时又能躲过区外短路的不平衡电流。

（2）具有更高可靠性。

（3）不受电磁干扰。

75. 线路纵联电流差动保护中为什么要配备零序电流差动保护？

答：配备零序电流差动保护对于要求实现单相重合闸的线路，在线路单相经高阻接地故障时，通过三相差动电流幅值的比较能正确选相并动作于跳闸，能够提高对单相高阻接地故障的灵敏性。需要注意，为躲避区外故障的差动不平衡电流，保护动作延时 200ms 跳闸，以保证保护动作的选择性。

76. 220kV 纵联电流差动保护远跳和远传在保护系统中的作用是什么？

答：保护远跳的作用是在电流互感器与断路器之间发生故障时，线路本侧纵联电流差动保护判为区外故障，而母差保护判为区内故障后启动 TJR 继电器跳开本侧断路器，并向对侧保护发远跳命令，对侧收到远跳命令后经过就地判别装置后跳开断路器。保护远传的作用是对侧保护装置收到远传信号后，不经过任何判断将远传信号输出，一般用于发信号等。

77. 构成纵联距离保护所用的阻抗继电器应具备哪些基本要求？不满足这些要求会出现什么后果？

答：（1）应具有方向性，反方向短路不应该动作。如果反方向短路阻抗继电器动作，将造成非故障线路误动。

（2）应该可靠保护本线路的全长（或者说在本线路全长范围内的短路都有足够的灵敏度）。否则将造成故障线路的拒动。

78. 什么是工频变化量以及在构成保护时应特别注意的地方？

答：工频变化量是一种故障分量，正常时为零，仅在故障时出现。工频变化量是短暂的故障分量，在不对称、对称故障开始时都存在，且短时存在，可以保护各类故障，尤其是它不反应负荷和振荡，是其他反应对称故障量保护无法比拟的。所以，工频变化量保护一般只能作为瞬时动作的主保护，不能作为延时的后备保护。

第六节 高 频 保 护

79. 什么是高频保护？

答：高频保护就是将线路两端的电流相位或功率方向转化为高频信号，利用输电线路本身构成高频电流通道，将此信号送至对端，以比较两端电流相位或功率方向的一种保护。

80. 在高压电网中，高频保护作用是什么？

答：高频保护用在远距离高压输电线路上，对被保护线路上任一点各类故障均能瞬时由两侧切除，从而提高电力系统运行的稳定性和重合闸的成功率。

81. 高频保护中采用远方启动发信有什么作用？

答：（1）可以保证两侧启动发信与开放比相回路间的配合。

（2）可以进一步防止保护装置在区外故障时的误动作。

（3）便于通道检查。

82. 高频保护收信灵敏度整定太高或太低对保护装置各有何影响？

答：收信灵敏度整定太高，会造成通道余量减少；收信灵敏度整定太低，将影响装置的抗干扰能力，降低装置的可靠性。

83. 在具有远方启动的高频保护中为什么要设置断路器三跳停信回路？

答：（1）在发生区内故障时，一侧断路器先跳闸，如果不立即停信，由于无操作电流，发信机将发出连续的高频信号，对侧收信机也收到连续的高频信号，则闭锁保护出口，不能跳闸。

（2）当手动或自动重合于永久性故障时，由于对侧没有合闸，于是经远方启动回路发出高频连续波，使先合闸的一侧被闭锁，保护拒动。为了保证在上述情况下两侧装置可靠动作，必须设置断路器三跳停信回路。

84. 高频保护通道的总衰耗包括哪些？哪项衰耗最大？

答：包括输电线路衰耗、阻波器分流衰耗、结合滤波器衰耗、耦合电容器衰耗以及高频电缆衰耗等，一般输电线路衰耗最大。

85. 为什么高频同轴电缆的屏蔽层要两端接地，并用 $100mm^2$ 并联接地铜导线？

答：高频同轴电缆的屏蔽层两端接地可以有效提高抗干扰能力，如果只一端接地，当隔离开关投切空母线时会使收发信机入口产生高电压，可能会中断信号，严重时损坏部件，所以两端接地。同时，为降低两端地电位差，从而降低地电流的压降，所以要用 $100mm^2$ 铜导线并联。

86. 什么是高频闭锁距离保护？

答：高频闭锁距离保护的基本原理是利用启动元件在故障时启动高频收发信机，发送高频闭锁信号，利用距离Ⅱ段或Ⅲ段方向阻抗继电器作为故障功率判别元件，如果内部故障，两侧距离保护Ⅱ段或Ⅲ段测量元件动作，停发高频闭锁信号，瞬时跳闸切除故障。如果外部故障，正方向侧距离Ⅱ段或Ⅲ段方向阻抗继电器动作，停止发信，但反方向侧方向阻抗元件不动作，继续发信以闭锁对侧保护。这样既具有高频保护全线速动的功能，又有距离保护Ⅱ段作为相邻后备保护的功能。

87. 使用新型收发信机的高频闭锁式保护，通道联调时需要做哪些试验？

答：（1）工作频率下整条通道传输衰耗测试。

（2）输入阻抗测试。

（3）两侧发信功率及收信功率测试。

（4）通道裕量的检查。

（5）通道告警电平的调整。

（6）模拟区内故障及正反向区外故障。

（7）远方启动试验检查。

88. 高频闭锁距离保护的特点是什么？

答： （1）能足够灵敏和快速地反映各种对称与不对称故障。

（2）具有后备保护的功能。

（3）电压二次回路断线时保护将会误动，需采取断线闭锁措施。

（4）不是独立的保护装置，当距离保护停用或出现故障、异常需停用时，该保护要退出运行。

89. 什么是高频保护的通道裕量？

答： 当区外故障时，线路任一侧的收信机应准确接收对侧发信机送来的高频信号。所以，发信机发出的高频信号应能补偿通道中的衰耗，并且留有一定的裕量，以保证收信机可靠地工作，此裕量称为通道裕量。

90. 提高高频通道裕量的主要措施是什么？

答： （1）适当提高发信机的发信功率。

（2）降低工作频率以减少衰耗，对于长线路可考虑采用 $70kHz$ 以下的频率。

（3）合理选用收信启动电平。

91. 高频阻波器的工作原理是什么？

答： 高频阻波器是防止高频信号向母线方向分流的设备。它是由电感和电容组成的并联谐振回路，调谐在所选用的载波频率，因而对高频载波电流呈现的阻抗很大，防止了高频信号的外流，对工频电流呈现的阻抗很小，因此不影响工频电力的传输。

92. 结合滤波器在高频保护中的作用是什么？

答：结合滤波器与耦合电容器组成一个带通滤过器，当传送高频信号时，处于谐振状态，使高频信号畅通无阻，而对工频电压呈现很大的阻抗，防止高电压进入保护装置。同时使输电线路的波阻抗（约 400Ω）与高频电缆的波阻抗（100Ω）相匹配。

93. 为什么在结合滤波器与高频电缆之间要串有电容？

答：（1）结合滤波器和收发信机使高频电缆与两侧变量器直连，接地故障时有较大电流穿越。

（2）工频接地电流的穿越会使变量器铁芯饱和，使发信中断。

（3）串入电容器可以抑制工频电流（对工频呈现高阻抗，对高频影响很小）。

94. 为什么当母线运行方式改变引起收发信机 3dB 告警时，如果收发信机无异常，应重点检查阻波器调谐回路是否损坏？

答：（1）分流衰耗的大小与阻波器的阻抗和母线对地阻抗有关。

（2）阻波器调谐回路的损坏有可能使分流衰耗增加，通道衰落，3dB 告警。

（3）因阻波器已损坏，当母线运行方式改变时，母线对地阻抗变化，两者的阻抗和可能比正常运行时低。

95. 为什么要求高频阻波器的阻塞阻抗要含有足够的电阻分量？

答：因为高频信号的相返波必须要通过阻波器和加工母线对地阻抗串联才形成分流回路；而母线对地阻抗一般呈容性，但也有可能是感性的。因此，要求阻波器具有足够的电阻分量，以保证当阻波器的容抗或感抗在对地感抗或容抗处于串联谐振状态而全部抵消时，还有良好的阻塞作用。

96. 为什么不允许用电缆并接在收发信机通道入口引出高频信号进行录波？

答：（1）通道入口具有许多干扰信号而线滤之后是比较单纯

的高频信号。

（2）通道入口可收到邻相的高频信号，造成对本相高频保护的误判断，应取线滤之后的信号。

（3）录波器用高频电缆并于通道入口，会导致阻抗匹配变坏。

97. 高频闭锁式和允许式保护在发信控制方面有哪些区别（以正、反向故障情况为例说明）？

答：发生正向故障时，闭锁式保护发信后，由于正方向元件动作而立即停发闭锁信号，而允许式保护由正方向元件动作而向对侧发出允许跳闸信号；发生反方向故障时，闭锁式保护长发信闭锁对侧高频保护，而允许式保护不发出允许跳闸信号。

98. 什么是功率倒向？功率倒向时高频保护为什么有可能误动？

答：功率倒向是指回线中的一条线路发生近处故障，近故障侧断路器先于远故障侧断路器跳闸而引起非故障线路的功率方向发生倒向的情况。倒向后，反向转正向侧保护因不能及时收到对侧闭锁信号可能误动，可以采用反向转正向时延时跳闸或反方向闭锁正方向来避免高频保护误动。

99. 非全相运行对高频闭锁负序功率方向保护有什么影响？

答：当被保护线路某一相断线时，将在断线处产生一个纵向的负序电压，并由此产生负序电流。根据负序等效网络，可定性分析出断相处及线路两端的负序功率方向，即线路两端的负序功率方向同时为负，与内部故障时情况相同。因此，在一侧断开的非全相运行情况下，高频负序功率方向保护将不动作。为克服上述缺点，如果将保护安装地点移到断相点内侧，则两端负序功率方向为一正一负，与外部故障时相同，此时保护将处于启动状态，但由于受到高频信号的闭锁而不会误动作。

第五章　母　线　保　护

1. 高压电网中为什么安装母线保护装置?

答：母线是多元件的汇合点，负责电能的汇入和流出，如果母线发生故障，第一时间内不切除故障就会扩大事故范围，严重时破坏系统稳定。安装母线保护装置能有选择性地快速切除母线故障，保证电网稳定运行。

2. 变电站的 35～110kV 电压的母线，在什么情况下应装设专用的母线保护?

答：（1）110kV 双母线。

（2）110kV 单母线、重要发电厂或 110kV 以上重要变电站的 35～66kV 母线，需要快速切除母线上的故障时。

（3）35～66kV 电网中，主要变电站的 35～66kV 双母线或分段单母线需快速而有选择地切除一段或一组母线上的故障，以保证系统安全稳定运行和可靠供电。

3. 失灵保护由哪几部分组成?

答：（1）启动回路。

（2）时间元件。

（3）出口跳闸回路。

（4）信号回路。

（5）防误动复合电压闭锁回路。

4. 失灵保护的线路断路器启动回路由什么组成?

答：由线路保护出口继电器跳闸触点与失灵相电流判别继电器触点串联组成，并由失灵启动硬压板控制。

5. 失灵保护动作跳闸应满足什么要求？

答：（1）对具有双跳闸线圈的相邻断路器，应同时动作于两组跳闸回路。

（2）对远方跳对侧断路器的，宜利用两个传输通道传送跳闸命令。

（3）闭锁重合闸。

6. 双母线接线方式的断路器失灵保护的跳闸顺序是什么？

答：双母线接线方式的断路器失灵时，失灵保护动作后，首先跳开母联和分段断路器，以第二延时跳开失灵断路器所在母线的其他所有断路器。

7. 断路器失灵保护的低电压、负序电压、零序电压闭锁元件定值如何整定？

答：断路器失灵保护的低电压、负序电压、零序电压闭锁元件定值，应综合保证与本母线相连的任一线路末端和任一变压器低压侧发生短路故障时有足够灵敏度。其中负序、零序电压闭锁元件应可靠躲过正常情况下的不平衡电压，低电压闭锁元件应在母线最低运行电压下不动作，而在切除故障后可靠返回。

8. 断路器失灵保护中的相电流判别元件的整定值按什么原则计算？

答：整定原则是保证在线路末端和本变压器低压侧单相接地故障时灵敏系数大于 1.3，并尽可能躲过正常运行负荷电流。

9. 为什么 220kV 及以上系统要装设断路器失灵保护，其作用是什么？

答：220kV 及以上的输电线路一般输送功率较大，输送距离远，采用分相断路器和快速保护。由于断路器存在操作失灵的可能，当线路发生故障而断路器拒动，将给电网带来很大的威胁，装设失灵保护装置可以防止事故扩大，提高系统的稳定性。

10. 闭锁式高频保护中为什么要采用母差保护停信？

答：当故障发生在电流互感器与断路器之间时，母差保护虽然正确动作，但故障点依然存在，依靠母线保护出口继电器动作停止该线路高频保护发信，让对侧断路器跳闸快速切除故障。

11. 断路器失灵保护在什么条件下才可启动？

答：（1）故障线路或电力设备能瞬时复归的出口继电器动作后不返回（故障切除后，启动失灵的保护出口返回时间应不大于30ms）。

（2）断路器未断开的判别元件动作后不返回。若主设备保护出口继电器返回时间不符合要求，判别元件应双重化。

12. 母差保护大差和小差元件在母线区内外故障的判别及故障母线的选择上是如何应用的？

答：母线大差用于判别区内区外故障，小差用于故障母线的选择。

13. 为什么要设置母线充电保护？

答：母线差动保护应保证在一组母线或某一段母线合闸充电时，快速而有选择地断开有故障的母线。为了更可靠地切除被充电母线上的故障，在母联断路器或母线分段断路器上设置相电流或零序电流保护，作为母线充电保护。母线充电保护接线简单，在定值上可保证高的灵敏度。母线充电保护只在母线充电时投入，当充电良好后，应及时停用。

14. 母联充电保护动作应满足什么条件？

答：（1）母联充电保护压板投入。

（2）母联电流大于母联充电保护电流定值。

（3）母联断路器位置由分到合。

（4）其中一段母线已失压。

15. BP－2B母差保护中差动保护启动元件采用哪两个判据？

答：采用电流突变量和差电流越限两个判据。

16. BP-2B 母差保护中差动保护各间隔 TA 变比以什么基准进行归算？备用间隔怎样整定？

答：BP-2B 母差保护中差动保护自动选取最大 TA 变比为基准进行归算；备用间隔 TA 变比需要整定为 0。

17. 某变电站 110kV 母线使用 RCS-915 型母线保护，母线上连接有 3 个支路，TA 变比分别为 600/5，600/5，1200/5，请计算各支路的调整系数。

答：RCS-915 型母线保护取多数相同 TA 变比为基准变比，TA 调整系数整定为 1，没有用到的支路 TA 调整系数整定为 0。本例中取 600/5 作为基准变比，因此，支路 01 TA 调整系数为 600/600＝1，整定为 1；支路 02 TA 调整系数为 600/600＝1，整定为 1；支路 03TA 调整系数为 1200/600＝2，整定为 2；其余各 TA 调整系数均整定为 0。

18. RCS-915 型母差保护有几种比率差动保护元件？

答：常规比率差动元件和工频变化量比率差动元件。

19. RCS-915 型母线保护母线并列运行与分列运行时比率制动系数是如何采用的？

答：母线并列运行时采用比率制动系数高值，母线分列运行时采用比率制动系数低值，装置根据运行方式自动切换。

20. 大差比率差动元件与母线小差比率差动元件的区别是什么？

答：大差比率差动元件是将母线上所有连接元件电流采样值输入差动判据；小差比率差动元件对于分段母线，将每一段母线所连接元件电流采样值输入差动判据，大差不计母联和分段电流，小差包括母联和分段电流。

21. 运行中母差保护不平衡电流大应该如何处理？

答：（1）征得调度同意，退出有关线路保护跳闸压板。

（2）利用负荷电流，检测各分路元件电流平衡情况是否正常，电流极性和相位是否正确。

（3）检查 TA 接地点，有无两点接地现象，是否存在分流情况。

（4）电流端子箱各电流互感器连接线是否紧固，接触是否良好。

（5）检查母线保护装置的采样精度是否符合要求。

22. 母线差动保护电流回路断线闭锁动作应如何检查?

答：（1）首先应停用母差保护，检查差电流回路的每相是否有电流，如果某一相有电流，则说明该相电流回路有断线或对地短路现象。

（2）在母差端子箱内分别检查每一分路的电流是否三相平衡，如果不平衡，则说明该分路的电流回路故障。

（3）将分路的一项设备停用进行详细检查，便可查出故障原因。

23. 在母线电流差动保护中，为什么要采用电压闭锁元件?怎样闭锁?

答：为了防止差动继电器误动作或误碰出口中间继电器造成母线保护误动作，故采用电压闭锁元件，提高保护装置动作可靠性。

24. 在母线电流差动保护中，电压闭锁元件是如何闭锁差动保护的?

答：母线保护保护装置内有电压判据元件，通过获得母线电压后利用低电压继电器和零序过电压继电器实现闭锁。如果电压判据元件动作，电压重动继电器的触点动作，跳闸回路才能导通。如误碰出口中间继电器这种方式不会引起母线保护误动作。

25. 双重化配置的母线保护应满足什么要求?

答：（1）用于母差保护的断路器和隔离开关的辅助接点、切换回路以及与其他保护配合的相关回路也应遵循相互独立的原则按双重化配置。

（2）当共用出口的微机型母差保护与断路器失灵保护双重化配置时，两套保护宜一一对应地作用于断路器的两个跳圈。

（3）合理分配母差保护所接电流互感器二次绕组，对确无办法解决的保护动作死区，可采取启动失灵及远方跳闸等措施加以解决。

26. 什么是母联电流相位比较式母线差动保护？

答：母联电流相位比较式母线差动保护主要是在母联断路器上使用比较两电流相量的方向元件，一个电流量是母线上各连接元件电流的相量和，即差电流，另一个电流量是流过母联断路器的电流。当母线故障时，不仅差电流很大，母联断路器的故障电流由非故障母线流向故障母线，具有方向性，因此方向元件动作且具有选择故障母线的能力。

27. 相位比较式母线差动保护，为什么在电流互感器二次差动回路的中性线和某一相上分别接入电流继电器？

答：中性线上的电流继电器，是当组成差动保护的任一元件的电流互感器二次回路发生一相断线、两相断线或接地时动作，可以闭锁保护。当某一元件三相均未接入时不动作，而这时接入某一相的电流继电器中有差电流能使该电流继电器动作，从而保护闭锁。因此在电流互感器二次差动回路的中性线和某一相上分别接入电流继电器，使得母线差动保护电流互感器二次回路内发生任何形式的故障时闭锁装置均能起作用，使保护可靠闭锁，并能及时发出预告信号。

28. 在双母线系统中电压切换的作用是什么？

答：对于双母线系统上所连接的电气元件，在两组母线分开运行时（例如母线联络断路器断开），为了保证其一次系统和二次系统在电压上保持对应，以免发生保护或自动装置误动、拒动，要求保护及自动装置的二次电压回路随同主接线一起进行切换。用隔离开关两个辅助触点并联后启动电压切换中间继电器，利用其触点实现电压回路的自动切换。

29. 双母线接线的断路器失灵保护要以较短时限先切母联断路器，再以较长时限切故障母线上的所有断路器的原因是什么？

答：双母线接线方式的断路器失灵时，失灵保护动作后，先跳开母联和分段断路器，以第二延时跳开失灵断路器所在母线的其他所有断路器。先跳开母联和分段断路器，主要是为了尽快将故障隔离，减少对系统的影响，避免非故障母线线路对侧零序速动段保护误动。

30. 断路器失灵保护时间定值如何整定？

答：断路器失灵保护所需动作延时，必须保证让故障线路或设备的保护装置先可靠动作跳闸，应为断路器跳闸时间和保护返回时间之和再加裕度时间。以较短时间动作于断开母联断路器或分段断路器，再经一时限动作于连接在同一母线上的所有有电源支路的断路器，两段时限分别整定为 $0.25 \sim 0.35\mathrm{s}$ 和 $0.5\mathrm{s}$。

31. 220kV 母差保护的验收重点是什么？

答：（1）各支路元件电流独立输入，电流极性正确，尤其注意母联的极性。

（2）电流输入、隔离开关开入和跳闸回路相一致检查。

（3）母线电压切换回路检查。

（4）母线保护一对应断路器跳闸线圈一，母线保护二对应断路器跳闸线圈二。

（5）母线故障跳闸对应关系检查，Ⅰ母故障跳Ⅰ母，Ⅱ母故障跳Ⅱ母。

（6）死区保护功能检查，失灵保护开入回路检查。

（7）母差保护投入运行时必须经过相量检查、差流检查。在进行相量检查时应带有足够大的负荷，并进行带负荷试验，以确保差流测量的准确性。

32. 220kV 及以上电压等级的线路应按继电保护双重化配置，对双母线接线按近后备原则配置的两套主保护，使用电压互感器上有什么要求？

答：双母线接线的 220kV 及以上线路主保护，当电压互感器二次回路断线时，将引起同一母线上的所有线路主保护全部失压，不能满足全线内发生故障快速切除。即使由无电压测量的电流后备保护切除，也造成无选择性跳闸，使电网引起严重后果。为此对使用电压互感器提出下述要求：

（1）两套主保护的电压回路宜分别接入电压互感器的不同二次绕组。

（2）两套主保护当合用电压互感器的同一个二次绕组时，至少应配置一套以光纤为通道的分相电流差动保护。

33. 某变电站 220kV 一次为双母线接线方式，当其中一条母线电压互感器异常或检修时，可否不改变一次运行方式，用正常母线上的电压互感器二次并列代替异常母线电压回路？正确的操作是什么？

答：不可用正常母线上的电压互感器二次并列代替异常母线电压回路。因为如果异常母线失灵保护或变压器后备保护动作后第一时限先跳开母联断路器，那么此时正常母线上的电压互感器将不能正确反映异常母线的电压状况，造成复压闭锁回路返回，失灵保护无法再动作切除其他线路，变压器复压闭锁后备保护无法切除变压器主断路器。正确的做法是一次倒母线运行。

34. 母差保护加装复合电压闭锁的原因是什么？

答：（1）当母联断路器跳开后，无故障母线的复合电压闭锁装置将返回，使母差保护跳无故障母线上的线路回路增加了一个断开点，进一步保证母差保护不会误动。

（2）防止运行人员误碰母差保护出口继电器时，母差保护误动作。

35. 母线死区保护的基本原理是什么？

答：母联断路器仅一侧装设电流互感器时，母线保护存在死区，在双母线接线中，仅在 Ⅱ 母侧装设母联电流互感器，当母联电流互感器至母联断路器之间发生故障，Ⅱ 母差动保护不动作，Ⅰ 母差动保护动作，跳开 Ⅰ 母上的连接元件及母联断路器，但此时故障仍不能切除，这就是母线死区保护。

36. 母线死区保护的处理方法是什么？

答： 针对母线死区保护，假设仅在Ⅱ母侧装设母联电流互感器，当母联电流互感器至母联断路器之间发生故障时，Ⅰ母差动动作后检测母联断路器的跳位开入，若有跳位开入，则封掉母联电流互感器，破坏Ⅱ母电流平衡，加速Ⅱ母差动保护动作，若没有把母联的跳位触点引入保护装置，则母联死区故障时保护自动按母联失灵来处理。

第六章 变压器保护

第一节 电气量保护

1. 变压器的不正常运行状态有哪些？

答：（1）由外部相间、接地短路引起的过电流。

（2）过电压。

（3）超过额定容量引起的过负荷。

（4）漏油引起油面降低。

（5）冷却系统故障引起温度过高。

2. 变压器通常装设哪些保护装置？

答：瓦斯保护、电流比率差动和电流速断保护、复合电压启动的过流保护、零序电流保护、间隙电流保护和零序过压保护。

3. 变压器纵差保护、瓦斯保护主要反映何种故障和异常？

答：（1）纵差保护主要反映变压器绕组、引线的相间短路，及大电流接地系统侧的绕组、引出线的接地短路。

（2）瓦斯保护主要反映变压器绕组匝间短路及油面降低、铁芯过热等本体内的任何故障。

4. 变压器纵差保护为什么能反映绕组匝间短路？

答：变压器某侧绕组匝间短路时，该绕组的匝间短路部分可视为出现了一个新的短路绕组，使差流变大，当达到整定值时差动保护就会动作。

5. 变压器差动保护为何采用制动特性？

答：当发生区外故障时，差动回路不平衡电流增加，有可能引起差动保护误动作，采用有制动特性的差动保护可以使差动动作电流值随不平衡电流增加而提高，防止保护误动作。

6. 差动保护用电流互感器在最大穿越性电流时其误差超过10％，可以采取什么措施防止误动作？

答：（1）适当增大电流互感器变比。

（2）将两组同型号电流互感器二次串联使用。

（3）减少电流互感器二次回路负载。

（4）在满足灵敏度的前提下，适当提高动作电流。

（5）新型差动继电器可提高比率制动系数。

7. 变压器纵差动保护动作电流的整定原则是什么？

答：（1）大于变压器的最大负荷电流。

（2）躲过区外短路时的最大不平衡电流。

（3）躲过变压器的励磁涌流。

8. 变压器差动保护不平衡电流是怎样产生的？

答：（1）变压器正常运行时的励磁电流。

（2）由于变压器各侧电流互感器型号不同而引起的不平衡电流。

（3）由于实际的电流互感器变比和计算变比不同引起的不平衡电流。

（4）由于变压器改变调压分接头引起的不平衡电流。

9. 变压器相间差动保护为什么必须消除 Y 侧单相接地故障电流的零序电流分量？在变压器内部发生单相接地时，灵敏度是否降低？

答：为了在外部接地故障时达到两侧电流平衡，必须消除 Y 侧的零序电流。在内部星形绕组发生单相故障时，灵敏度并未降低，假设 Y 侧发生 A 相绕组单相接地故障，Y 侧 B、C 相电流为零，△侧该两相绕组中电流为零，虽然 Y 侧要从动作电流中减去零序电流，但低压侧差动电流增大，故灵敏度未降低。

10. 变压器差动保护电流回路如何接地？

答： 变压器差动保护电流回路必须可靠接地，如果差动各侧电流回路存在电气连接，则只能有一个公共接地点，应在保护屏上经端子排接地，如果差动各侧电流回路不存在电气连接，一般各电流回路应分别在开关场接地。

11. 变压器纵差保护比率制动特性曲线通常由哪些值决定？

答： 比率制动特性曲线通常由比率制动系数、拐点电流和最小动作电流 3 个值决定。

12. 在什么情况下需将运行中的变压器差动保护停用？

答：（1）差动保护二次回路及 TA 回路有变动或进行校验时。

（2）差动保护电流互感器某相断线或回路开路。

（3）差动回路出现明显的异常现象。

（4）误动跳闸。

13. 差动保护是否可以代替瓦斯保护？为什么？

答： 差动保护不可以代替瓦斯保护。瓦斯保护反应变压器油箱内的任何故障，如铁芯过热烧伤、油面降低等，但差动保护对此无反应。此外，变压器绕组发生少数线匝的匝间短路时，变压器相电流可能不大，差动保护对此反应不灵敏，但匝内短路时造成局部绕组严重过热产生强烈的油流向油枕方向冲击，瓦斯保护对此能灵敏地反应，正确动作切除故障。

14. 对 220kV 变压器纵差保护的技术要求是什么？

答：（1）在变压器空载投入或外部短路切除后产生励磁涌流时，纵差保护不应误动作。

（2）纵差保护应具有比率制动特性。

（3）在最小运行方式下，纵差保护区内各侧引出线上两相金属性短路时，保护的灵敏系数不应小于 2。

（4）在纵差保护区内发生严重短路故障时，为防止因电流互感器饱和而使纵差保护延迟动作，纵差保护应设差电流速断保护，以快速切除上述故障。

15. 新安装的变压器差动保护在投入运行前应做哪些试验？

答：（1）带负荷测相位和测差压（差流），以检查电流回路接线的正确性。

（2）变压器充电时，退出差动保护。

（3）带负荷前将差动保护停用，测量各侧各相电流的有效值和相位。

（4）变压器测各相差压、差流。

（5）冲击 5 次，以检查躲涌流能力。

16. 变压器零差保护相对于反映相间短路的纵差保护来说有什么优缺点？

答：（1）零差保护的不平衡电流与空载合闸的励磁涌流、调压分接头的调整无关，其最小动作电流小于纵差保护的最小动作电流，灵敏度较高。

（2）零差保护所用电流互感器变比完全一致，与变压器变比无关。

（3）零差保护与变压器任一侧断线的非全相运行方式无关。

（4）由于组成零差保护的互感器多，其汲出电流（互感器励磁电流）较大，电流误差较大。

17. 变压器间隙保护由间隙电流保护和间隙电压保护组成，那么间隙电流保护和间隙电压保护是启动同一个时间继电器吗？为什么？

答：间隙电流保护和间隙电压保护是启动同一个时间继电器。当出现单相故障时，变压器中心点偏移，当电压达到定值时，间隙电压保护启动，经过一段时间后，可能放电间隙击穿，间隙电流保护动作，而间隙电压返回，如果间隙电流与间隙电压采用不同的时间继电器，则间隙保护将重新开始计时，此时间将可能大于一次设备所能承受接地的时间，而使一次设备损坏。

18. 变压器励磁涌流具有哪些特点？

答：（1）包含有很大成分的非周期分量，往往使涌流偏于时间轴的一侧。

（2）包含有大量的高次谐波，并以 2 次谐波成分最大。

（3）涌流波形之间存在间断角。

（4）涌流在初始阶段数值很大，以后逐渐衰减。

19. 目前差动保护中防止励磁涌流影响的方法有哪些？

答：（1）采用具有快速饱和铁芯的差动继电器。

（2）采用间断角原理鉴别短路电流和励磁涌流波形的区别。

（3）利用 2 次谐波制动原理。

（4）利用波形对称原理的差动继电器。

20. 谐波制动的变压器保护为什么要设置差动速断元件？

答：为防止在较高短路电流水平时，由于电流互感器饱和产生高次谐波量增加，产生极大的制动量而使差动保护拒动，因此设置差动速断元件，当短路电流达到 4～10 倍额定电流时，速断元件快速动作出口。

21. RCS - 978 保护装置的纵差保护抗励磁涌流的判据是什么？

答：抗励磁涌流的判据有两种，由控制字控制，可以任选其一：一是各相差电流的 2 次谐波分量与基波分量比值应大于某整定系数闭锁差动元件；二是利用波形畸变识别励磁涌流。

22. 大电流接地系统中的变压器中性点接地或不接地，取决于什么因素？

答：（1）保证零序保护有足够的灵敏度和很好的选择性，保证接地电流的稳定性。

（2）保证在各种操作和保护跳闸使系统解列时，不会造成部分系统变为中性点不接地系统。

（3）变压器绝缘水平及结构决定的接地点。

23. 变压器保护中设置零序电流电压保护的原因是什么？

答：零序电流电压保护主要适用于 110kV 及以上中性点直接接地电网内低压侧有电源、高压侧可能接地或不接地运行的变压器，用以反映外部接地短路引起的过电流和中性点不接地运行时外部接地短路引起的过电压。

24. 为满足继电保护可靠性要求，中低压侧接有并网小电源的变压器，如变压器小电源侧的过电流保护不能在变压器其他母线侧故障时切除故障，应由什么保护切除故障？

答：应由主变解列装置或小电源并网线的线路保护切除故障。

25. 根据标准化设计规范，变压器间隙保护电气量选取原则是什么？

答：变压器间隙保护配置间隙过压保护和间隙过流保护，两者为逻辑"或"的关系，零序电压宜取电压互感器开口三角电压，而间隙电流取自中性点间隙专用电流互感器。

26. 单侧电源双绕组变压器各侧反映相间短路的后备保护各时限段动作于哪些断路器？

答：单侧电源双绕组降压变压器，相间短路后备保护宜装于各侧。非电源侧保护带两段或三段时限，用第一时限断开本侧母联或分段断路器，缩小故障影响范围；用第二时限断开本侧断路器；用第三时限断开变压器各侧断路器。电源侧保护带一段时限，断开变压器各侧断路器。

27. 变压器接地保护的方式有哪些？各有什么作用？

答：（1）中性点直接接地变压器一般设有零序电流保护，主要作为母线接地故障的后备保护，并尽可能起到变压器的线路接地故障的后备保护作用。

（2）中性点不接地变压器，一般设有零序电压保护和与中性点放电间隙配合使用的放电间隙零序电流保护，作为接地故障时变压器一次过电压的后备措施。

28. 变压器过电压产生的原因是什么？

答：（1）线路断路器拉合闸时形成的操作过电压。

（2）系统发生短路或间歇弧光放电时引起的故障过电压。

（3）直接雷击或大气雷电放电，在输电网中感应的脉冲电压波。

29. 变压器过电流产生的原因是什么？

答：（1）变压器空载合闸形成的瞬时冲击过电流。

（2）二次侧负载突然短路造成的事故过电流。

30. 根据标准化设计规范，220kV 电压等级的变压器高压侧后备保护如何配置？

答：220kV 电压等级的变压器高压侧后备保护应配置：

（1）复压闭锁过流（方向）保护。

（2）零序过流（方向）保护。

（3）间隙电流保护，间隙电流和零序电压两者构成"或门"延时跳开变压器各侧断路器。

（4）零序电压保护，延时跳开变压器各侧断路器。

（5）变压器高压侧断路器失灵保护。

31. 变压器为什么三侧都安装过电流保护，它们的保护范围是什么？

答：三侧都装设电流保护可以有选择性地切除故障，当变压器任意一侧有故障时，过流保护动作，无需将变压器全停。各侧的过流保护可作为本侧母线、线路、变压器的主保护或后备保护，主电源侧过流保护可作为另两侧的后备保护。

32. 变压器低压侧母线无母差保护，电源侧高压线路的保护对该低压侧母线又无足够的灵敏度，变压器应按什么原则考虑保护问题？

答：变压器高压侧过流保护对该低压侧母线有灵敏度时，则变压器的低、高压侧过流保护分别作为该低压母线的主、后备保护；变压器高压侧过流保护对该低压侧母线无足够灵敏度时，则变压器的低压侧应配置两套完全独立的过流保护，分别作为该低压母线的主、后备保护。

33. 变压器的后备保护在加强主保护，简化后备保护的原则下，如何简化后备保护？

答：变压器后备保护主要是母线的近后备、110kV 及以下电压等级线路的远后备，加强主保护理应简化后备保护，为此高压侧后备保护仅设复合电压过流保护，中、低压侧后备保护设复合电压过流保护和电流限时速断保护，前者按变压器额定电流整定，后者按同侧母线的最低灵敏度要求整定，时间应与同侧相邻线路的相应时间相配合。

34. 500kV 变压器有哪些特殊保护？其作用是什么？

答：（1）过励磁保护。用来防止变压器突然甩负荷或因励磁系统过电压造成磁通密度剧增，引起铁芯及其他金属部分过热。

（2）500kV、220kV 低阻抗保护。当变压器绕组和引出线发生相间短路时作为差动保护的后备保护。

35. 变压器过电流保护的整定值在有电压闭锁和无电压闭锁时有什么不同？

答：有电压闭锁时按变压器的额定电流整定。无电压闭锁时应按以下 4 个条件中最大者整定：

（1）按躲开并列运行的变压器突然断开 1 台后的最大负荷电流整定。

（2）按躲开负荷电动机自启动电流整定。

（3）按躲开变压器低压侧自投时的负荷条件整定。

（4）按与相邻保护相配合整定。

36. 为什么自耦变压器的零序保护不宜取自中性点 TA，而要取自高、中压侧的 TA？

答：在高压侧发生单相接地故障时，中性点电流取决于二次绕组所在电网零序综合阻抗 $Z_{\Sigma 0}$，当 $Z_{\Sigma 0}$ 为某一值时，一、二次电流将在公用的绕组中完全抵消，因而中性点电流为零；当 $Z_{\Sigma 0}$ 大于此值时，中性点零序电流将与高压侧故障电流同相；当 $Z_{\Sigma 0}$ 小于此值时，中性点零序电流将与高压侧故障电流反相。

37. 自耦变压器有什么缺点？

答：（1）短路电抗小，内部故障短路电流大。

（2）高中压侧零序电流直接相通，使零序保护复杂化。

（3）自耦变压器必须接地运行，零序综合阻抗小，单相接地故障短路电流大。

（4）零序阻抗非线性，三相 Y 型自耦变压器故障时谐波分量较大，影响保护动作正确性。

38. 主变保护部分检验项目主要内容有哪些？

答：外观及接线检查、保护屏二次回路外部绝缘电阻测试、保护屏二次回路内部绝缘电阻测试、初步通电检验、交流采样系统检验、定值整定、非电量保护测试、整组传动试验、带断路器传动和定值及时钟核对等。

39. 变电站高压侧一次接线为内桥接线。比率式变压器差动保护需将高压侧进线开关 TA 与桥开关 TA 分别接入保护装置变流器，为什么？

答：设进线电流为 I_1，桥开关电流为 I_2，对比率式差动保护来说：

（1）启动电流值很小，一般为变压器额定电流的 0.3～0.5 倍，当高压侧母线故障时，短路电流很大，流进差动保护装置的不平衡电流（TA 的 10% 误差）足以达到启动值。

（2）把桥开关 TA 与进线 TA 并联后接入差动保护装置，高压侧母线故障时，动作电流与制动电流为同一个值，比率系数理论上为 1，保护装置很可能误动。

综合以上论述，采用比率制动的变压器保护，桥开关 TA 与进线 TA 应分别接入保护装置。

40. 变压器铭牌上 $U_K\%$ 的含义是什么？已知 $U_K\%$，能否知道短路电抗标幺值？

答： $U_K\%$ 是变压器短路电流等于额定电流时产生的相电压降与额定相电压之比的百分值。短路电压标幺值等于短路电抗标幺值，因此知道短路电压标幺值就知道了短路电抗标幺值。

41. 主变接地后备保护中要求零序过流与放电间隙过流的 TA 能不能共用一组，为什么？

答： 这两种保护 TA 必须独立设置，不得共用。独立设置后不须人为进行投、退操作，自动实现中性点接地时投入零序过流、中性点不接地时投入间隙过流的要求，安全可靠。反之，如果两者共用一组 TA，当中性点接地运行时，一旦忘记退出间隙过流保护，遇到系统内接地故障，会造成间隙过流误动作将本变压器切除。此外，间隙过流元件定值很小，而每次接地故障都受到大电流冲击，易造成损坏。

42. 变压器中性点接地方式的安排一般如何考虑？

答： 变压器中性点接地方式的安排应尽量保持变电站的零序阻抗基本不变。若变电站只有一台变压器，则中性点应直接接地，计算正常保护定值时，可只考虑变压器中性点接地的正常运行方式。变电站有两台及以上变压器时，应只将一台变压器中性点直接接地运行，当该变压器停运时，将另一台中性点不接地变压器改为直接接地。如果由于某些原因，变电站正常必须有两台变压器中性点直接接地运行，当其中一台中性点直接接地的变压器停运时，若有第三台变压器则将第三台变压器改为中性点直接接地运行。否则，按特殊运行方式处理。双母线运行的变电站有三台及以上变压器时，应按两台变压器中性点直接接地方式运行，分别接于不同的母线上，当其中一台中性点直接接地变压器停运时，将另一台中性点不接地变压器直接接地。

第二节　非电气量保护

43. 什么是瓦斯保护？

答：当变压器内部发生故障时，变压器油将分解出大量气体，利用这种气体动作的保护装置称为瓦斯保护。

44. 瓦斯保护有哪些优缺点？

答：瓦斯保护的动作速度快、灵敏度高，对变压器内部故障有良好的反应能力，但对油箱外套管及连线上的故障反应能力却很差。

45. 瓦斯保护的保护范围是什么？

答：（1）变压器内部的多相短路。

（2）匝间短路，绕组与铁芯或与外壳间的短路。

（3）铁芯故障。

（4）油面下降或漏油。

（5）分接开关接触不良或导线焊接不良。

46. 瓦斯保护的反事故措施要求是什么？

答：（1）将瓦斯继电器的下浮筒改为挡板式，触点改为立式，提高重瓦斯动作的可靠性。

（2）瓦斯继电器应加装防雨罩。

（3）瓦斯继电器引出线应采用防油线。

（4）瓦斯继电器的引出线和电缆线应分别连接在电缆引线端子箱内的端子上，就地端子箱引至保护室的二次回路不宜存在过渡或转接环节。

47. 什么情况下变压器应装设瓦斯保护？

答： 0.8MVA 及以上油浸式变压器和 0.4MVA 及以上车间内油浸式变压器，均应装设瓦斯保护；带负荷调压的油浸式变压器的调压装置，也应装设瓦斯保护。当壳内故障产生轻微瓦斯或油面下降时，应瞬时动作发信号；当产生大量瓦斯时，应动作于断开变压器各侧断路器。

48. 瓦斯继电器重瓦斯的流速一般整定为多少？轻瓦斯动作容积整定值是多少？

答： 重瓦斯的流速一般整定在 0.6～1m/s，对于强迫油循环的变压器整定为 1.1～1.4m/s；轻瓦斯的动作容积可根据变压器的容量大小整定在 200～300mm³ 范围内。

49. 瓦斯继电器的主要校验项目有哪些？

答： 加压试验继电器的严密性；继电器的机械情况及触点工作情况的检查；检验触点的绝缘；检验继电器对油流速的定值；检查电缆接线盒的质量及防油、防潮措施的可靠性。

50. 怎样理解变压器非电气量保护和电气量保护的出口继电器要分开设置？

答： 变压器保护差动等保护动作后应启动断路器失灵保护。由于非电量保护（如瓦斯保护）动作切除故障后不能快速返回，可能造成失灵保护的误启动，且非电量保护启动失灵后，没有适当的电气量作为断路器拒动的判据，非电量保护不应该启动失灵。所以，为了保证变压器的差动等电气量保护可靠启动失灵，而非电量保护可靠不启动失灵，应该将变压器非电气量保护和电气量保护的出口继电器分开设置。

51. 现代大型变压器的重瓦斯保护在什么情况下由跳闸改为信号？

答：（1）变压器在运行中加油、滤油或换硅胶时。

（2）需要打开呼吸系统的放气门或放油塞区，或清理吸湿器时。

（3）有载调压开关油路上有人工作时。

（4）气体继电器或其连接电缆有缺陷时，或保护回路有人工作时。

52. 根据标准化设计规范，对变压器非电量保护有什么要求？

答：（1）非电量保护动作应有动作报告。

（2）重瓦斯保护作用于跳闸，其余非电量保护宜作用于信号。

（3）作用于跳闸的非电量保护，启动功率应大于 5W，动作电压在额定直流电源电压的 55%～70% 范围内，额定直流电源电压下动作时间为 10～35ms，应具有抗 220V 工频干扰电压的能力。

（4）分相变压器 A、B、C 相非电量分相输入，作用于跳闸的非电量保护三相共用一个功能压板。

（5）用于分相变压器的非电量保护装置的输入量每相不少于 14 路，用于三相变压器的非电量保护装置的输入量不少于 14 路。

53. 变压器新安装或大修后，投入运行发现轻瓦斯继电器动作频繁，试分析动作原因，怎样处理？

答：动作原因：可能在投运前未将空气排除，当变压器运行后，因温度上升，形成油的对流，内部储存的空气逐渐上升，空气压力造成轻瓦斯动作。

处理方法：应收集气体并进行化验，密切注意变压器运行情况，如温度变化，电流、电压数值及音响有何异常，如上述化验和观察未发现异常，可将气体排除后继续运行。

第七章 自 动 化

第一节 通 信 方 式

1. 通信的基本概念是什么？通信三要素分别指什么？

答：通信的基本概念是在信息源和受信者之间交换信息。通信的三要素：信息源，指生产和发送信息的地方，如保护、测控单元；受信者，指接收和使用信息的地方，如计算机监控系统、调度中心系统。要实现信息源和受信者之间相互通信，两者之间必须有信息传输路径。

2. 通信管理装置的定义是什么？

答：通信管理装置，就是用来处理数据通信方面事宜的一种装置，在变电站综合自动化系统中，用于下层自动化装置之间、装置与站内监控后台、上层远方调度主站之间的数据通信。

3. 通信管理装置如何分类？

答：通信管理装置通常根据功能分为：①单纯的规约转换器，负责联络站内间隔层和站控层；②远动和保信子站装置，连接站内与远方的调度自动化主站、保护故障信息主站。

4. 变电站综合自动化中常用的几种信息传输方式有哪些，各自优缺点是什么？

答：（1）基于 RS232 的传输。解决了传输信息量的问题，但仍然是点对点的传输，灵活性差。

（2）基于 RS485 的传输。传输信息量大，可以连成网络，但网络的节点数减少，且为主从式，限制了传输的效率。

（3）基于现场总线的传输。信息量较大，网络传输，节点数较多，可靠性大大提高，但信息传输的速度和录波数据传输要求有差距。

（4）基于以太网络的传输。传输信息量及速度极大，网络连接，平等结构，在变电站控制领域得到广泛的应用。

5. 变电站内为什么要安装规约转换器？

答：变电站内的站内设备有很多，如保护装置、测控装置、直流系统、消弧接地系统往往不是一个设备厂家，这些设备厂家的通信规约各不相同。为了保证站内通信的正常，变电站监控系统生产厂家需要设置规约转换器，将不同厂家的设备规约转换成同一规约标准并接入站局域通信网内，从而实现监控功能。

6. 什么是报文及报文分组？

答：报文是一组包含数据和呼叫控制信号的二进制数，是在数据传输中具有多种特定含义的信息内容。报文分组就是将报文分成若干个报文段，并在每一报文段上加上传送时所必需的控制信息。原始的报文长短不一，若按此传送则使设备及通道的利用率不高，进行定长的分组有利于信号在网络中高效高速地传送。

7. 变电站自动化系统与主站的通信包括哪些方面？

答：（1）接受来自调度端的命令，对站内的开关设备进行跳合闸操作。

（2）接受来自调度端的命令，对继电保护、自动装置的定值等进行调整，对有关设备进行投退。

（3）接受来自调度端的对时命令，对变电站的时钟进行调整。

（4）向调度中心上发变电站的运行信息。

8. 变电站自动化系统通信对信息传输响应速度的要求是什么？

答：不同类型和特性的信息要求传送的时间差异很大，经常传输的监视信息，实时性要求较差，突发事件产生的信息，要求具有较快响应速度。我国地区电网数据采集与监视系统中，最大允许时延指标要求是：变位信息、厂站端工作状态变化信息必须在 1s 内送到调度中心；厂站端遥测信息按重要程度分别在 3～20s 内在调度中心实现更新；电能等存储信息允许几分钟或几十分钟传送 1 次。

9. 变电站自动化系统远动数据通信信道有几种？

答：可简单地分为有线信道和无线信道两大类。有线信道包括电缆信道、电力线载波信道、光纤信道。无线信道包括微波中继信道、卫星信道、散射信道和短波信道。

10. 变电站自动化系统远动数据通信中影响信息传输的因素有哪些？

答：（1）信道特性引起信息的码间干扰。

（2）信道上的噪声和干扰。

11. 判断远动通道质量的方法有哪些？

答：（1）观察远动信号的波形，看波形失真情况。

（2）环路测量信道信号衰减幅度。

（3）测量信道的信噪比。

（4）测量通道的误码率。

12. 什么是差错控制技术？

答：差错控制技术就是采用可靠、有效的编码，以发现或纠正信号在传输过程中由于噪声干扰而造成错码的一种方法，又称为抗干扰编码技术。信息在信道上传输的过程中，由干扰引起的差错始终存在，必须采用差错控制技术。

13. 差错控制技术中有几种差错控制方式？

答：差错控制方式分为自动要求重传（ARQ）方式、循环传送检错方式、前向纠错（FEC）方式和混合纠错（HEC）方式。

14. 差错控制技术在变电站自动化系统通信中有什么实际应用？

答：在电力系统循环式远动通信中，对于遥测遥信信息的传送通常采用循环传送检错方式；问答式远动通信中的遥测遥信信息的传送也多采用检错译码方式；为了提高可靠性，对于遥控都采用返送重传方式。

15. IEC 60870 - 5 - 101、IEC 60870 - 5 - 102、IEC 60870 - 5 - 103、IEC 60870 - 5 - 104 分别用于哪些数据的传输？

答：IEC 60870 - 5 - 101 用于 EMS 系统监控数据的传输（使用专线通信通道）；IEC 60870 - 5 - 102 用于电能量计量数据的传输；IEC 60870 - 5 - 103 用于继电保护数据的传输；IEC 60870 - 5 - 104 用于 EMS 系统监控数据的传输（使用数据网络通信通道）。

16. 路由器的主要功能是什么？

答：(1) 在网络间截获发送到远程网段的报文，起到转发的作用；选择最合适的路由，引导通信。

(2) 为了在网络间传送报文，按照预定的规则把大的数据包分解成适当大小的数据包，到达目的端后再把分解的数据包包装成原有形式。

(3) 多协议的路由器可以连接使用不同通信协议的网络段，作为不同通信协议网段通信连接的平台。

17. 路由器通过哪 3 种不同的方式获得其到达目的端的路径？

答：(1) 静态路由。系统管理员人为地定义为到达目的端的唯一路径，本方式对于控制安全和减少业务量有用。

(2) 缺省路由。系统管理员人为地定义为在没有已知的到达目的端的路由时所采用的路径。

(3) 动态路由选择。路由器通过定期地从其他路由器接收更新数据而获得到达目的端的路径。

18. IP 协议配置的基本原则是什么？

答：（1）一般路由器的物理网络端口通常要有一个 IP 地址。

（2）相邻路由器的相邻端口 IP 地址必须在同一 IP 网段上。

（3）同一路由器的不同端口 IP 地址必须在不同 IP 网段上。

（4）除了相邻路由器的相邻端口外，所有网络中路由器所连接的网段即所有路由器的任何两个非相邻端口都必须不在同一网段上。

19. 什么是 TCP/IP 协议？

答：TCP/IP 协议代表一组协议，而 TCP 和 IP 是其中两个最重要的协议，即传输控制协议 TCP 和网际协议 IP，IP 负责将数据从一处传到另一处，而 TCP 则保证传输的正确性。TCP/IP 协议本质上所采用的是分组交换技术。其核心思想是把数据分割成不超过一定大小的信息包来传送。

20. 配置 TCP/IP 协议时指定网关地址的作用是什么？

答：网关实质上是一个网络通向其他网络的 IP 地址。只有设置好网关的 IP 地址，TCP/IP 协议才能实现不同网络之间的相互通信。网关的 IP 地址是具有路由功能的设备的 IP 地址，具有路由功能的设备有路由器、启用了路由协议的服务器（实质上相当于一台路由器）、代理服务器（也相当于一台路由器）。

21. 在计算机网络中，数据交换的方式有哪几种？各有什么特点？

答：（1）线路交换。在数据传送之前需建立一条物理通路，在线路被释放之前，该通路将一直被一对用户完全占有。

（2）报文交换。报文从发送方传送到接收方采用存储转发的方式。在传送报文时，只占用一段通路；在交换节点中需要缓冲存储，报文需要排队。因此，这种方式不满足实时通信的要求。

（3）分组交换。此方式与报文交换类似，但报文被分成组传送，并规定了分组的最长度，到达目的地后需重新将分组组装成报文。这是网络中最广泛采用的一种交换技术。

22. 什么是单工、半双工、全双工通信方式？

答：（1）在单工通信方式中，信号只能向一个方向传送，任何时候都不能改变信号的传送方向。

（2）在半双工通信方式中，信号可以双向传送，但必须交替进行，一个时间只能向一个方向传送。

（3）全双工能同时在两个方向上进行通信，即有两个信道，所以，数据同时在两个方向流动，它相当于把两个相反方向的单工通信组合起来。

23. 半双工通信与全双工通信的区别是什么？RTU 与主站的通信方式一般采用哪种通信方式？

答：半双工通信与全双工通信两端均有发送器和接收器，区别在于半双工通信不能同时在两个方向上进行数据传输，而全双工通信可同时在两个方向上进行数据传输。在远动系统中 RTU 与主站的通信方式，一般都是采用全双工通信。

24. 什么是 IEC 60870 - 5 - 101 规约平衡传输和非平衡传输？

答：平衡传输方式是指主站和子站可以同时启动链路传输服务。非平衡传输方式是指仅仅由主站启动各种链路传输服务，而子站仅当主站请求时才传输。非平衡传输方式模式下，主站采用顺序地查询子站来控制数据传输。在这种情况下，主站是请求站，它触发所有报文的传输；子站是从动站，只有当它们被查询（召唤）时才可能传输。IEC 60870 - 5 - 101 规约一般应使用非平衡方式。

25. IEC 60870 - 5 - 101 规约流程包括哪些方面？

答：主站与 RTU 的通信是从主站请求远方链路状态开始，如果 RTU 响应链路完好，则主站先复位远方链路层，然后再总召唤。通信中断时主站一直请求远方链路状态。在没有特殊任务时总是召唤二级数据，隔一段时间才请求总召唤和电度量。当有一级数据（变位遥信）需要上传时 RTU 会通知主站。可以设置扫描周期计数器，用来控制询问速度。

26. 前置通信服务器的主要功能有哪些？

答：（1）实现多规约的 RTU 收发功能。

（2）实现多规约转换功能。

（3）将收到的各 RTU 数据预处理，并传送给主机。

（4）统计各通道运行情况。

27. 变电站综合自动化系统通信分为哪两类？

答：（1）站内通信主要有保护、测控等智能设备与监控系统、远动系统、保护子站的通信，这类通信主要采用装置类规约。

（2）站间通信包括远动系统与调度系统的通信及保护子站与保护主站间的通信，这类通信主要采用调度类规约。

28. 什么是电网调度自动化系统远动通道和远动通信规约？

答：电网调度自动化系统远动通道是以电力载波、模拟载波、数字微波、光纤、电缆等为载体的远动通信通道；远动通信规约是为了使主站和分站有效地交换信息而建立起来的一些规约，主要有循环式（CDT）规约和问答式（POLLING）规约两种。

29. 什么是 CDT 规约？

答：CDT 规约适用于点对点通信结构的两点之间通信，信息传递采用循环同步传输的方式。CDT 规约是一个以厂站端为主动的远动数据传输规约。在调度中心与厂站端的远动通信中，厂站端周而复始地按一定规则向调度中心传送各种遥测、遥信、数字量、事件记录等信息。

30. 什么是问答式（POLLING）远动通信规约？

答：问答式（POLLING）远动通信规约适用于网络拓扑是点对点、点对多点、多点共线、多点环形或多点星形的远动系统，可用于调度或监控中心与一个或多个厂站端进行通信，信息传输为异步方式。问答式（POLLING）远动通信规约以调度或监控中心为主动方进行数据传输。RTU 或厂站综合自动化系统只有在调度或监控中心询问以后，才能向对方回答信息。

31. 问答式（POLLING）远动通信规约的链路服务级别分为哪三级？

答：（1）第一级是发送/无回答服务，主要用在调度中心向变电站端发送广播报文。

（2）第二级是发送/确认服务，用于调度中心向变电站端设置参数和遥控、设点、升降的选择、执行命令。

（3）第三级是请求/响应服务，用于由调度中心向变电站端召唤数据，变电站端以数据或事件回答。

32. 问答式（POLLING）远动通信规约中厂站端如何触发启动传输？

答：对于点对点和多个点对点的网络拓扑，变电站端产生事件时，厂站端可触发启动传输，主动向调度中心报告事件信息，这种情况只适用于全双工通道结构。当某一厂站端遥信发生变位或遥测越限时，厂站端主动触发一次发送/确认服务，并组织报文向调度中心传送。调度中心收到报文后，以确认报文回答厂站端。如果因为忙，数据缓冲区溢出，则调度中心以忙帧回答厂站。随后厂站端如果还要传送数据时，则厂站端此时触发一次请求/响应服务，厂站端以请求帧询问调度中心链路状态，调度中心以响应帧报告链路状态。

33. 比较循环式传输规约（CDT）和问答式（Polling）规约的差别是什么？

答：（1）对网络拓扑的要求不同。CDT 规约只适应点对点的简单通道，而 Polling 规约能适应点对点、多个点对点、多点环形、多点星形等几乎所有拓扑结构。

（2）通道的使用效率不同。使用 CDT 规约进行信息传输时，始终占用通道；Polling 规约允许多个 RTU 或厂站综自系统分时共享通道资源。

（3）调度或监控中心与厂站的通信控制权不同。采用 CDT 规约，以厂站端为主动方，调度或监控中心只发送遥控、遥调等命令，采用 Polling 规约，则以调度或监控中心为主动方。

34. 循环式传输规约中上行信息的优先级如何规定？

答：信息传送的优先级，就是按照信息本身的重要程度确定哪些信息优先传送，以及其更新周期的长短。循环式传输规约中上行信息上优先级顺序是：遥信变位、遥控返校信息、厂站端工作状态变化信息、重要遥测量、事故记录、事故追忆、电能数据、事故波形记录和遥信状态信息。

35. 循环式传输规约插入传送的信息有哪些？

答：插入传送就是指厂站有重要信息变化需要优先向主站传送时暂停正常发送的信息，待这些重要的信息传送完毕后，再恢复正常传送。优先插入传送的信息主要有对时的子站时钟返回信息、遥信发生变位的信息以及遥控、升降命令的返校信息。

36. 远距离数据通信的基本模型包含哪些环节？

答：远距离数据通信系统包括信源、信源编码器、信道编码器、调制解调器、信道、信道译码器、信源译码器和信宿。

37. 什么是数字信号的调制与解调？

答：在数字通信中，由信源产生的原始电信号为一系列的方形脉冲，称为基带信号。这种基带信号不能直接在模拟信道上传输，因为传输距离越远或者传输速率越高，方形脉冲的失真现象就越严重，使得正常通信无法进行。此外，需将数字基带信号变换成适合于远距离传输的正弦波信号，通过线路传输到接收端后，再将携带的数字信号取出来，这就是调制与解调的过程。完成调制与解调的设备称为调制解调器。调制解调器并不改变数据的内容，而只改变数据的表示形式以便于传输。

38. 什么是帧同步？

答：发送装置在发送遥测、遥调、遥控或遥信数据之前，先发送同步码字，接收装置检测到正确的同步码后，在同步码结束的时刻，将接收端时序置成与发端相同的状态，这种同步方式叫帧同步。

39. 分组与帧的概念分别是什么？两者的区别是什么？

答： 分组就是把要传输的完整的信息内容按照规定的长度划分为多个数据组后进行传输。帧是网络上所传输的数据最小单元。分组是一个广义的概念。网络体系结构任一层中的任何一个协议数据单元都可以被称为分组，分组只强调把完整信息划分为小段后传输给接收方，而并未具体要求如何实现这种传输与接收。分组是一个与硬件无关的逻辑概念。帧也是一个分组，是指分组在一个具体网络上的实现，帧只能用于表示网络体系结构中第二层协议所定义的分组。

40. 数字输入信号分几大类？

答： 数字输入信号分有源信号和无源信号两大类，有源信号的电源在远动设备外部，无源信号的电源在远动设备内部。

第二节　电力二次系统安全防护

41. 电力二次系统的安全防护原则是什么？

答： 电力二次系统安全防护原则是"安全分区、网络专用、横向隔离、纵向认证"，保障电力监控系统和电力调度数据网络的安全。

42. 电力二次系统安全防护的总要求和防护目标是什么？

答： 电力二次系统的安全防护主要针对网络系统和基于网络的生产控制系统，重点强化边界防护，提高内部安全防护能力，保证电力生产控制系统及重要敏感数据的安全。电力二次系统安全防护目标是抵御黑客、病毒、恶意代码等通过各种形式对系统发起的恶意破坏和攻击，特别是能够抵御集团式攻击，防止由此导致一次系统事故或大面积停电事故及二次系统的崩溃或瘫痪。

43. 电力二次系统安全防护的机制是什么？

答：电力二次系统安全防护过程是长期的动态过程，各单位应当严格落实总体安全防护原则，建立和完善以安全防护原则为中心的安全监测、快速响应、安全措施、审计评估等步骤组成的循环机制。

44. 电力二次系统安全防护的总体安全防护水平取决于什么？

答：电力二次系统安全防护是复杂的系统工程，其总体安全防护水平取决于系统中最薄弱点的安全水平。

45. 电力二次系统安全防护划分为哪几个安全区，是如何划分的？

答：（1）安全区Ⅰ为实时控制区，凡是具有实时监控功能的系统或其中的监控功能部分均应属于安全区Ⅰ。

（2）安全区Ⅱ为非控制生产区，原则上不具备控制功能的生产业务和批发交易业务系统均属于该区。

（3）安全区Ⅲ为生产管理区，该区的系统为进行生产管理的系统。

（4）安全区Ⅳ为管理信息区，该区的系统为管理信息系统及办公自动化系统。

46. 电力二次系统如何进行安全分区？

答：发电企业、电网企业、供电企业内部基于计算机和网络技术的业务系统，原则上划分为生产控制大区和管理信息大区。生产控制大区可以分为控制区（安全区Ⅰ）和非控制区（安全区Ⅱ）；管理信息大区内部在不影响生产控制大区安全的前提下，可以根据各企业不同安全要求划分安全区。根据应用系统实际情况，在满足总体安全要求的前提下，可以简化安全区的设置，但是应当避免通过广域网形成不同安全区的纵向交叉连接。

47. 安全区Ⅰ的典型系统包括哪些？

答：调度自动化系统（SCADA/EMS）、广域相量测量系统、配电网自动化系统、变电站自动化系统、发电厂自动监控系统、继电保护、安全自动控制系统、低频/低压自动减载系统、负荷控制系统等。

48. 安全区Ⅰ的业务系统或功能模块的典型特征是什么？

答：安全区Ⅰ的业务系统或功能模块是电力生产的重要环节、安全防护的重点与核心；直接实现对一次系统运行的实时监控；纵向使用电力调度数据网络或专用通道。

49. 安全区Ⅱ的典型系统包括哪些？

答：调度员培训模拟系统（DTS）、水库调度自动化系统、继电保护及故障录波信息管理系统、电能量计量系统、电力市场运营系统等。

50. 安全区Ⅱ的业务系统或功能模块的典型特征是什么？

答：所实现的功能为电力生产的必要环节；在线运行，但不具备控制功能；使用电力调度数据网络，与控制区（安全区Ⅰ）中的系统或功能模块联系紧密。

51. 省级以上调度中心二次系统安全防护各安全区的典型系统是什么？

答：（1）安全区Ⅰ。能量管理系统、广域相量测量系统、安全自动控制系统、调度数据网网络管理及安全告警系统等。

（2）安全区Ⅱ。调度员培训模拟系统、电能量计量系统、电力市场运营系统、继电保护和故障录波信息管理系统、调度计划管理系统、在线稳定计算系统等。

（3）安全区Ⅲ。调度生产管理系统、雷电监测系统、气象/卫星云图系统、电力市场监管信息系统接口等。

（4）安全区Ⅳ。办公自动化、Web服务等。

52. 在生产控制大区与管理信息大区之间的安全要求是什么？

答：在生产控制大区与管理信息大区之间必须设置经国家指

定部门检测认证的电力专用横向单向安全隔离装置，隔离强度应接近或达到物理隔离。

53. 专用横向单向安全隔离装置的作用是什么？

答：正向安全隔离装置用于生产控制大区到管理信息大区的非网络方式的单向数据传输。反向安全隔离装置用于从管理信息大区到生产控制大区单向数据传输，是管理信息大区到生产控制大区的唯一数据传输途径。

54. 控制区（安全区Ⅰ）与非控制区（安全区Ⅱ）之间的隔离要求是什么？

答：控制区（安全区Ⅰ）与非控制区（安全区Ⅱ）之间应采用国产硬件防火墙、具有访问控制功能的设备或相当功能的设施进行逻辑隔离。禁止安全风险高的通用网络服务穿越该边界。

55. 实现纵向加密认证功能的设备有哪些？各有什么特点？

答：实现纵向加密认证功能的设备有纵向加密认证装置和加密认证网关。纵向加密认证装置为广域网通信提供认证与加密功能，实现数据传输的机密性、完整性保护，同时具有类似防火墙的安全过滤功能。加密认证网关除具有加密认证装置的全部功能外，还应实现对电力系统数据通信应用层协议及报文的处理功能。

56. 如何进行电力二次系统联合防护和应急处理？

答：建立健全电力二次系统安全的联合防护和应急机制。由电监会负责对电力二次系统安全防护的监管，电力调度机构负责统一指挥调度范围内的电力二次系统安全应急处理。各电力企业的电力二次系统必须制定应急处理预案并经过预演或模拟验证。当电力生产控制大区出现安全事件，尤其是遭到黑客、恶意代码攻击和其他人为破坏时，应当立即向其上级电力调度机构报告，同时按应急处理预案采取安全应急措施。相应电力调度机构应当立即组织采取紧急联合防护措施，以防止事件扩大。同时注意保护现场，以便进行调查取证和分析。事件发生单位及相应调度机构应当及时将事件情况向相关电力监管部门和信息安全主管部门报告。

57. 电力二次系统安全评估的目的是什么？

答： 电力二次系统安全评估是根据电力二次系统安全防护总体方案的要求对电力二次系统的总体安全防护水平进行评价。通过评估二次系统的资产、威胁、脆弱性和现有安全措施，进行量化的风险计算与分析，从而发现系统存在的安全风险并提出整改建议。

58. 电力二次系统安全评估方式是什么？

答： 电力二次系统安全评估采用以自评估与检查评估相结合的方式开展，并纳入电力系统安全评价体系。安全评估方案及结果应及时向上级主管部门汇报、备案。对生产控制大区安全评估的所有记录、数据、结果等均不得以任何形式携带出被评估单位，按国家有关要求做好保密工作。

第三节　自动化主站

59. 什么是能量管理系统（EMS）？其主要功能是什么？

答： 能量管理系统（EMS）是现代电网调度自动化系统的总称。其主要功能由基础功能和应用功能两个部分组成，包括数据采集与监视（SCADA）、自动发电控制（AGC）、经济调度控制（EDC）、电力系统状态估计（SE）、安全分析（SA）、配电自动化与管理（DA/DMS）和调度模拟培训（DTS）等。

60. 网省调 SCADA 实用化基本功能的核实包括哪些内容？

答： 电网主接线及运行工况，主要联络线电量，实时发电功率与计划发电功率，实时用电负荷与计划用电负荷，重要厂站及大机组电气运行工况，异常、事故报警处理及打印，电力调度运行日报表的定时打印、召唤打印，自动发电控制（AGC）维持系统频率在规定值。

61. 高级应用软件的应用所需的基础数据包括哪几种？

答：（1）由 SCADA 采集来的量测数据，即系统运行的实时数据及运行的历史数据。

（2）由人工输入的系统静态数据，如系统的线路参数、发电机参数及变压器的参数等。

（3）计划参数，主要是未来时刻的计划行为参数，如预计负荷及检修停电安排。

62. 在 EMS 应用软件基本功能实用要求及验收细则中对状态估计的功能要求是什么？

答：（1）根据 SCADA 提供的实时信息和网络拓扑的分析结果及其他相关数据，实时地给出电网内各母线电压，各线路、变压器等支路的潮流，各母线的负荷和各发电机出力。

（2）对不良数据进行检测与辨识。

（3）实现母线负荷预测模型的维护、量测误差统计、网络状态监视等。

63. 状态估计模块的基本功能及作用是什么？

答：状态估计的基本功能：具有可观测性校验功能；粗检测功能；可利用线路或变压器的有功、无功潮流量测，母线注入有功、无功电压量测，变压器分头位置进行状态估计；变压器分接头估计；可添加使用伪量测的功能；可处理零阻抗支路；母线负荷预报模型的维护；不良数据辨识；量测误差估计等功能。

状态估计的作用：维护量测系统；向上层软件提供完整（不仅包括运行数据，还包括电力元件参数）、一致的数据断面。

64. 如何实现对电力调度数据网网络路由的防护？

答：采用虚拟专网技术，将电力调度数据网分割为逻辑上相对独立的实时子网和非实时子网，分别对应控制生产业务和非控制生产业务，保证实时业务的封闭性和高等级的网络服务质量。

65. 什么是数据库？什么是数据库系统？数据库系统包括哪些组成部分？

答：数据库指长期存储在计算机存储设备上的、结构化的、可共享的、相关联的数据集合。数据库加上数据库所需的各种资源组成的计算机系统称为数据库系统。数据库系统主要由数据库、数据库管理系统（DBMS）、相关软硬件、应用程序和相关人员组成。

66. 什么是电力系统安全运行 $N-1$ 原则？

答：正常运行方式下的电力系统任一元件（如线路、发电机、变压器）无故故障或因故障断开，电力系统应能保证稳定运行和正常供电，其他元件不过负荷，电压和频率在正常允许范围内。

67. 电力系统网络拓扑分析的功能和任务是什么？

答：电力系统网络拓扑分析的功能是根据电网中断路器、隔离开关等设备的状态及各电气元件的连接关系生成电网分析用的母线和网络模型。其任务是实时处理开关信息的变化，自动划分发电厂、变电站的计算用节点数，形成新的网络接线随之分配量测和注入量测等数据，给有关的应用程序提供新接线方式下的信息与数据。

68. 什么是电力网络的状态可观测？

答：电力网络的各个状态量至少有一个有效的量测量对其测量，这种情况称为电力网络的状态可观测，电力网络的状态可观测是进行状态估计的必备条件。

69. 研究潮流分布的目的和作用是什么？

答：（1）检查各元件是否过负荷。

（2）检查各点电压是否满足要求。

（3）对给定的运行条件确定系统的运行状态，如各母线的电压、网络中的功率分布以及功率损耗。

70. 潮流计算分析主要完成哪些功能？

答：（1）在给定（历史、当前或预想）的运行方式下，进行设定操作，改变运行方式，分析本系统的潮流分布。

（2）设定操作可以是在一次接线图上模拟断路器的开合、线路或变压器的投退、变压器分接头的调整、无功补偿装置的投切以及发电机出力和负荷的调整等。

71. 在线短路电流计算的目的是什么？

答：（1）电气主接线方案的比较与选择，或确定是否要采取限制短路电流的措施。

（2）电气设备及载流导体的动、热稳定校验和开关电器、管型避雷器等的开断能力的校验。

（3）接地装置的设计。

（4）继电保护装置的设计与整定。

（5）输电线对通信线路的影响。

（6）故障分析。

72. 什么是静态安全分析？

答：静态安全分析功能用来分析在指定的故障或故障组合下电力系统的静态安全情况，它通过对每个故障模拟计算，得出稳态潮流结果，并进行网络越限条件检查，生成一个系统安全评估报告。电力系统静态安全分析还能应用 $N-1$ 原则，逐个无故障断开线路、变压器等元件，检查其他元件是否因此过负荷和电网低电压，用以检验电网结构强度和运行方式是否满足安全运行要求。

73. 什么是安全分析实时运行模式？什么是安全分析研究运行模式？

答：安全分析以实时状态估计提供的电网状态为基态，周期性地模拟事先定义的各个故障下电网的安全情况，这种运行模式称为安全分析实时运行模式。研究态的安全分析，其数据源可以取自状态估计、调度员潮流，也可取自保存的 CASE，可人工启动模拟各个故障下电网的安全情况，这种运行模式称为安全分析研究运行模式。

74. 什么是预想事故自动选择？

答：利用电力系统基态数据，自动选出对应于该状态下的需要进行详细分析计算的预想事故集。即按每一可能的预想事故对系统导致的后果的严重程度的顺序，排列出较严重的预想事故一览表。

75. 为什么要进行预想事故自动选择？

答：电力系统中可发生的事故的数量巨大，其中大量的事故对系统的安全不构成严重影响，只有一部分事故对系统的安全构成威胁。如果对所有可能的故障都进行详细的潮流分析，计算量非常大，且其中绝大多数是无为的计算量，导致安全分析失去实时性。预想事故自动选择正是为克服这一困难而设计的，它快速对所有可能的事故进行扫描，筛选出其中可能会对系统安全构成威胁的事故集，让详细的潮流分析模块只对这些选定的事故进行分析，这样既不会遗漏关键的事故，又避免了无为的计算量，大大提高了安全分析的效率和速度。

76. 什么是故障分析计算？

答：用于计算研究方式下各种假想事故（各种短路）的短路电流，以及对母线和线路的短路容量扫描，调度员可以在图形上任意设置故障点和故障类型，结果数据可在图形和列表中查询。

77. 负荷预测的作用是什么？

答：电力系统控制、运行和计划中，根据不同目的，将负荷预测分为超短期、短期、中期和长期负荷预测四类。一般 1h 以内的负荷预测为超短期负荷预测，用于安全监视过程中进行预防性控制；日或周负荷预测为短期负荷预测，用于安排日调度计划或周调度计划；月至年负荷预测为中期负荷预测，主要用于确定水库运行计划或设备大修计划等；一年以上的负荷预测称为长期负荷预测，主要用于电源及网络规划。

78. 实负荷法与虚负荷法的区别是什么？

答：实负荷法是对自动化运行设备的周期性检测的一种方法，在二次回路不动的情况下，通过钳形电流表测量电流，并接在 TV 上测量电压，实现对实际二次功率的测量。虚负荷法主要应用于设备投运之前检测，通过外加电源提供的电流、电压测量二次系统负荷、电流、电压等数据精度是否满足要求。

79. 电网调度自动化系统由什么设备组成？

答：电网调度自动化系统由厂站端和主站端设备组成，实现对电网数据采集、安全监视及网络分析等功能。

80. 电网调度自动化系统主站端由哪些设备组成？

答：主站端设备主要包括计算机及双机切换部件，外存储器、输入输出设备、数据传输通道的接口，通道测试柜及到通信设备配线架端子的专用电缆，计算机软件、计算机通信网络设备及其软件，调度控制台及用户终端，调度模拟盘，专用电源等。

81. 主站系统主要有哪些数据流程？

答：主站系统主要有实时数据、历史数据、报警数据、控制数据、系统维护数据等流程。

82. 电网调度自动化系统运行管理规程中发电厂（变电站）自动化班组或专职人员的职责是什么？

答：（1）负责厂、站端自动化设备的运行和维修工作，并按计划进行设备的定期检验工作。

（2）负责运行统计分析工作并按期上报。

（3）执行上级颁发的各项规程、规定和下达的工作布置与要求等文件。

（4）编制各类自动化设备的现场运行规程及使用说明，向电气值班人员介绍自动化设备正常使用的业务知识。

（5）编报厂、站年度自动化更改工程计划并负责实施；提出设备临检申请并负责实施。

（6）负责或参加新安装自动化设备投运前的检查和验收。

第四节　自动化分（厂）站

83. 变电站综合自动化的基本概念是什么？

答：变电站综合自动化是将变电站的二次设备（包括测量仪表、信号系统、继电保护、自动装置和远动装置等）经过功能的组合和优化设计，利用先进的计算机技术、现代电子技术、通信技术和信号处理技术，实现对全变电站的主要设备和输、配电线路的自动监视、测量、自动控制和微机保护，以及与调度通信等综合性的自动化功能。

84. 变电站综合自动化的基本功能是什么？

答：变电站综合自动化的基本功能包含监控子系统的功能、微机保护子系统的功能、自动控制装置的功能和远动及数据通信功能四个方面。

85. 变电站综合自动化的监控系统的基本结构由哪些部分构成？

答：在变电站综合自动化系统中，监控系统是由后台监控机、网络管理单元、测控单元、远动接口、打印机等部分组成。根据完成功能的不同，变电站监控系统可分为信息收集和执行子系统、信息传输子系统、信息处理子系统和人机联系子系统。

86. 变电站综合自动化的监控系统为什么要设置报文监视？

答：报文监视一方面可以核对后台监控机显示的数据值与从测控单元、保护自动化装置或直流系统装置内实际上传的数据是否相对应，另一方面软件开发人员可以测试监控程序的网络功能是否正确，有利于变电站自动化缺陷的处理。

87. 变电站综合自动化的监控子系统能够实现哪些功能？

答：监控子系统的功能应包括数据采集，事件顺序记录（SOE）、故障记录、故障录波和测距，操作控制功能，安全监视功能，人机联系功能，打印功能，数据处理与记录功能，谐波分析与监视。

88. 变电站综合自动化的监控系统实时数据采集数据分为几种？

答：变电站综合自动化的监控系统实时监控变电站设备运行状态，采集的数据有状态量、模拟量、脉冲量、数字量和保护信号，同时将采集到的数据经处理后存于数据库供后台监控机和远动通信机使用。

89. 变电站综合自动化的监控系统状态量的采集包括哪些内容？

答：（1）变电站内所有电压等级断路器、隔离开关、手车位置、接地隔离开关位置。

（2）变压器分接开关的位置。

（3）变电站内继电保护、自动装置的动作信号。

（4）变电站的各种预告信号。

90. 变电站综合自动化的监控系统安全监视功能有哪些内容？

答：监控系统在运行过程中，对采集的电流、电压、主变压器温度、频率等模拟量进行实时数据监视，如果越限值超出设定值，应发出告警信号，并记录和显示越限时间和越限值，同时要对保护装置是否失电，自控装置是否运行正常进行监视。

91. 变电站综合自动化的监控系统数据库由哪些部分组成？

答：变电站综合自动化的监控系统数据库包括实时数据库、历史数据库和监控系统运行支持数据库。实时数据库存放站内局域网传送的实时遥测数值及变电设备的实时状态数据。历史数据库存放变电站运行某一历史时间段内各类信息。监控系统运行支持数据库存放监控系统运行时所需要的信息，如操作用户信息、授权信息等。

92. 简述变电站监控系统与 EMS 系统的区别与联系。

答：监控系统与 EMS 系统在技术上既有联系又有区别。首先，服务对象不同。监控系统以一个变电站的全部运行设备作为监控对象，而 EMS 系统以电网中的所有变电站作为监控对象。其次，地理位置不同。监控系统是站内计算机系统，而 EMS 系统是一个计算机网络系统，其数据采集装置在各变电站，而调度端在电网调度室。最后，监控系统是 EMS 系统的一个子系统。

93. 变电站综合自动化系统如何进行数据记录？

答：历史数据必须每隔 15min、30min、60min 记录一次，并按时间顺序依次存储，这些数据将被通过远动通信机传送到服务器，这样工作人员可以根据命令要求查看某一时间或某一时间段内的数据曲线，以便进行电网数据分析。

94. 什么是双主机式的变电站监控系统？

答：双主机式的变电站监控系统，是指以两台功能完全相同、各有一套完整的数据存储设备的计算机作为主监控机，运行时可以通过后台切换开关设置主备的监控系统。双主机式的变电站监控系统运行时不同时作为主机使用，通过切换开关可进行主备机的来回切换。

95. 什么是人工置数？

答：人工置数是指对变电站实时数据库内的遥测量和遥信量参数修改为需要的数值和状态，从而改变变电站监控系统后台监控机和主站的显示信息，而实际站内各类数据及运行状态不会发生改变，从而实现某种特殊监视或控制。

96. 什么是远动终端装置？

答：远动终端装置（RTU），一种应用通信技术完成遥测、遥信、遥控和遥调等功能，远离对象现场又能实时掌握、控制电力系统运行的装置。

97. RTU 的基本结构包括哪些？

答：RTU 主要由电源、主控制模块、遥测模块、遥信模块、遥控模块、遥调模块及调制解调器等构成。

98. 远动设备安装后，通电前应检查哪几部分？

答：远动设备安装后，通电前的检查工作有设备元件检查、回路连接正确性检查、回路连接可靠性检查、绝缘情况检查等。

99. 为什么变电站综合自动化系统要设置统一的对时装置？

答：（1）系统要进行数据分析，多数情况下需要数据的准确时标。

（2）为了实现站间的事件记录准确排序，给事件分析人员提供可靠、准确的信息，各变电站的时钟应尽量做到同步，尤其是系统发生故障时，保护动作的时间顺序尤为重要。

（3）站内各保护装置、故障录波等装置也要进行对时。

100. GPS 卫星同步时钟在电力系统自动化领域有什么用途？

答：GPS 卫星同步时钟是变电站综合自动化系统最常见的对时方式，它的对时精度高、可靠性强，广泛应用在电力系统自动化等领域，大大提高了事故分析、故障测距、稳定判断与自动控制的时间监控与分析精度。

101. 自动化全网时钟统一的方法有哪些？

答：（1）由主站向各 RTU 周期性发送时钟命令，传送主站的实时时钟。各 RTU 收到时钟命令后，以主站的时钟为标准对本站时钟进行校对，达到统一时钟的目的。

（2）在主站和各 RTU 分别装配标准钟，由天文台发出的无线电校时信号对各台标准钟统一校时。标准钟装置定时输出脉冲信号，作为时钟的中断信号。当中断响应后，由中断服务程序完成时钟的计数。由于标准钟精度高，且由天文台统一校时，使全网有一个统一的时间标准。

102. 变电站综合自动化系统中，实现对时有哪些基本方式？

答：脉冲同步信号，常用的脉冲信号有 1PPS，1PPM，1PPH。1PPS 为间隔 1s 的秒脉冲信号，其脉冲前沿与国际标准时间（格林尼治时间）的同步误差不超过 $1\mu s$。串行口通信对时信号，经 RS‑232 串行口输出的与 1PPS 脉冲前沿相对应的国际标准时间和日期代码。输出 IRIG‑B 码对时，是专为时钟的传输制定的时钟码。每秒输出一帧按秒、分、时、日期的顺序排列的时间信息。

103. 电力系统遥测、遥信、遥控、遥调的含义是什么？

答：遥测指运用通信技术传输所测变量的值；遥信指对状态

信息的远程监视；遥控指具有两个确定状态的运行设备所进行远程操作；遥调指对具有不少于两个设定值的运行设备进行远程调节。

104. 遥测数据采集的过程是什么？

答：遥测采集的作用是将变电站内交流电流、电压、功率、频率、直流电压、主变温度、挡位等信号上送到监控系统后台，以达到运行人员对其进行工况监视的目的。外部电流及电压输入经隔离互感器 TV/TA 隔离变换后，将强电压、电流量转换成相应的弱电电压信号，再经低通滤波器输入至模数变换器，由 A/D 转换进入主 CPU。经 CPU 采样数字处理后，计算出各种遥测计算量，再按照一定的规约格式组成各种遥测量，通过通信口送给上位机。

105. 什么是遥信信息？

答：遥信信息是指变电站中主要的断路器位置状态信号、隔离开关的位置状态信号、重要继电保护与自动装置的动作信号以及一些运行状态信号等。

106. 什么是实遥信和虚遥信？

答：通过光耦开入方式采集的遥信量称为实遥信，通过通信虚拟采集的遥信量称为虚遥信。

107. 防止遥信抖动的措施有哪些？

答：为防止信号干扰抖动而导致误报，通常信号量的采集带有滤波回路，或可以在测控装置上进行遥信防抖确认时限的整定设置。遥信输入是带时限的，即某一位状态变位后，在一定的时限内该状态不应变位，如果变位，则该变化将不被确认，这是防止遥信抖动的有效措施。在工程应用中应正确利用此项功能，如果防抖时限设置过小，则遥信经常可能误报；如果防抖时限设得太长，则可能导致遥信响应时间过长甚至丢失。该时限通常设为 20~40ms 之间。

108. 遥信数据采集的过程是什么？

答：开关状态量信号通过光电隔离转换成数字信息，取得状态信号，变位信息（COS）和事件顺序记录（SOE）。当遥信状态改变后，测控装置即以最快的速度向监控后台插入发送变化遥信信息，后台收到变化遥信报文后，经解码发现遥信历史库状态与当前状态不一致，遂提示该遥信状态发生改变，这就是遥信变位的过程。即使遥信状态没有发生改变，测控装置每隔一定周期，定时向监控后台发送本站所有遥信状态信息，这就是全遥信报文发送过程。

109. 变化遥信和全遥信报文能否作为事故追忆的依据？

答：变化遥信和全遥信报文均不带时间标记。因为遥信变位时间是由后台监控机产生，当发生事故跳闸时，该信息不能作为事故追忆的依据。

110. 简述单位置遥信、双位置遥信的优缺点？

答：单位置遥信信息量少，采集、处理和使用简单，但是无法判断该遥信节点状态正常与否；双位置遥信采集信息量比单位置遥信多一倍，利用两个状态的组合表示遥信状态，可以发现1个遥信接点故障，达到遥信接点状态监视的作用，但是信息的采集、处理较复杂，一般在站端将双位置遥信转换为单位置遥信状态后再上传到调度和集控主站。

111. 什么是遥控信息？

答：遥控信息是指通过远程指令（遥控返校和遥控执行）遥控变电站中的各级电压回路的断路器、投切补偿装置和调节主变压器分头、自动装置的投入和退出等。

112. 什么是遥控返校？

答：遥控操作是一项十分重要的操作，为了保证可靠，通常采用返送校核法，将遥控操作分为两步来完成，简称"遥控返校"。

113. 遥控出口的时间应该如何整定？

答：遥控出口执行时间通常可整定，为可靠完成断路器分合闸操作，遥控出口执行时间一般整定为 100～200ms。遥控出口时间通常在测控装置中是可以进行整定的。

114. 遥控过程中常遇到哪些问题且如何解决？

答：当运行中发生遥控超时时，应重点检查监控后台机到相应测控单元的各级元件通信是否正常；当遥控返校正确而无法出口时，应重点检查外部回路（如遥控压板、切换开关、闭锁联锁回路等）是否正确；当遥控返校出错时应重点检查相应测控单元遥控出口板或电源板是否故障。

115. 什么是遥调信息？

答：遥调信息是监控后台或主站向测控装置发布变压器分接头调节命令，用于变压器的升挡或降挡。

116. 主变挡位采集的方法有哪些？

答：（1）遥信一一对应方式，将变压器有载调压挡位二次触点一一对应接入遥信开入接点。

（2）BCD 编码方式，由 5 个输出接点的状态反应挡位，该方式简单经济可靠，但前提条件是变压器有载调压机构需提供BCD 编码输出。

117. 综合自动化变电站五防闭锁功能是指什么？

答：综合自动化变电站必须考虑防止电气误操作的功能。所谓的"五防"是指防止电力系统倒闸操作中经常发生的五种恶性误操作事故，即误分合断路器、带负荷拉隔离开关、带地刀（接地线）合隔离开关送电、带电合地刀或挂接地线、误入带电间隔。

118. 数字式综合测控装置的常用操作有哪些？

答：（1）显示反映一次系统运行情况的实时测量值，如电流、电压、有功功率、无功功率、温度等。

（2）断路器遥控和就地的跳、合闸操作。

（3）软压板的投、退。

（4）装置硬件测试，如开入量实时显示以及标准模拟量通道偏移及增益等。

119. 变电站综合自动化系统进行现场验收调试的目的是什么？

答：现场验收调试的目的，是检查变电站综合自动化系统的功能及性能是否符合有关的技术规定和调度的定值要求，检查有关二次回路是否正确、可靠，为定期试验提供复核的技术数据。

120. 对变电站综合自动化系统应进行哪些方面的验收试验？

答：（1）对所有保护装置、安全自动装置、交流采样系统通道平衡性及精确度检查。

（2）对保护、测控装置开入量及开出量检查。

（3）对监控系统测控装置及计量精度测试。

（4）对保护装置、安全自动装置以及直流系统等与监控系统间进行联调。

（5）对变电站综合自动化系统与各调度端进行信息远传试验。

121. 变电站自动化系统事故及异常处理监视的内容有哪些？

答：（1）变电站保护装置保护动作跳闸的事故监控。

（2）主变压器过负荷、冷却器故障、油温油位异常运行监视。

（3）各曲线图中超出上、下限值的监视及处理。

（4）系统发生扰动后的监控，光子牌信号与事故、异常监控的关系。

122. 变电站自动化的基本功能有哪些？

答：变电站自动化的基本功能有控制、监视功能，自动控制功能，测量表计功能，继电保护功能，接口功能和系统功能。

123. 变电站综合自动化的结构形式有几种？

答：变电站综合自动化的结构形式有集中式、分布式、分散（层）分布式和分布集中式。从安装物理位置上来划分有集中组屏、分层组屏和分散在一次设备间隔设备上安装等形式。

124. 什么是集中式综合自动化系统？

答：集中式结构的综合自动化系统，指采用不同档次的计算机，扩展其外围接口电路，集中采集变电站的模拟量、开关量和数字量等信息，集中进行计算与处理，分别完成微机监控、微机保护和一些自动控制等功能，其软件复杂，修改工作量大，系统调试麻烦。

125. 什么是分层分布式综合自动化系统？

答：分层式结构的综合自动化系统是将变电站信息的采集和控制分为过程层、间隔层、站控层。过程层主要指变电站内的一次设备。间隔层主要包括按间隔布置的继电保护装置、测量控制装置，实现对过程层设备进行监控和保护。站控层包括监控主机、远方信号传输装置（RTU）等。

126. 分层分布式综合自动化系统中站控层的功能是什么？

答：（1）借助通信网络完成与间隔层之间的信息交换，从而实现对全变电站所有一次设备的当地监控功能以及间隔层设备的监控、变电站各种数据的管理及处理功能。

（2）经过通信设备，完成与调度中心之间的信息交换，从而实现对变电站的远方监控。

127. 什么是分布集中式变电站综合自动化系统？

答：分布集中式变电站综合自动化系统就是以测控单元为基本单元，实现模拟量、开关量的数据采集，断路器、隔离开关以及变压器分接头的遥控、遥调改造。各测控单元采用 RS－485 通信接口，经由通信控制器实现互联。在通信控制器的管理下，实现当地和远方监控。

128. 什么是事件顺序记录（SOE）？

答：事件顺序记录（SOE）是在电力系统内发生各种事件时（断路器跳闸、继电保护动作等）按毫秒级时间顺序，逐个记录下来，以利于对电力系统的事故处理时进行事故分析，SOE 的时间分辨率不大于 10ms。

129. 什么是事故追忆？

答：记录断路器事故跳闸前后一段时间内模拟量的有效值变化过程，称为事故追忆。有的系统可以每周波记录一次有效值，有的系统等间隔记录一次有效值。由于 TA 饱和特性的限制，事故追忆仅仅具有参考价值。

130. 事故追忆（PDR）具有什么功能？

答：事故追忆（PDR）可对 SCADA 数据库全部实时信息，以 SCADA 数据库的数据刷新周期，对事故发生前和事故后一定时间段（时间段可调）内的事故全过程进行全面的记录保存，对事故过程进行全场景和全过程的事故追忆反演描述。

131. 变电站后台监控机为什么要配置交流不间断电源（UPS）？

答：变电站后台监控机可以实现站内设备运行情况的实时监控和操作，一旦站内交流电源消失，就会造成变电站后台监控机断电，配置交流不间断电源（UPS）可以保证站内交流供电中断情况下，能向后台监控机提供安全、可靠、稳定、不间断的交流电源，确保后台监控机正常运行。

132. 变电站自动化系统 UPS 连续放电时间如何确定？

答：在满足容量情况下（按 UPS 标稳定量的 70% 计算），有人值班变电站 UPS 续供电时间不低于 1h。对距离较近的无人值班变电站 UPS 连续供电时间不低于 4h。对郊区比较偏远的无人值班变电站，应选能够 8h 连续供电的 UPS。

133. 电网调度自动化系统厂站端由哪些设备组成？

答：电网调度自动化系统厂站端设备主要由 RTU，远动专用变送器，远动装置到通信设备接线架端子的专用电缆，远动装置输入和输出回路的专用电缆，远动装置专用的电源设备及其连接电缆，遥控、遥信执行继电器屏、柜，远动转接屏等组成。

134. 当变电站后台监控机网络通信中断时应如何检查？

答：首先，根据后台监控机的"通信一览表"，确认发生通信中断的装置；其次，检查中断通信的装置是否运行异常，如有异常，重启装置后检查通信中断是否恢复；最后，检查网线、交换机、通信规约转换设备和后台监控机是否正常运行。

135. 前置机的参数设置包括哪些内容？

答：前置机又称为通信控制单元，它在变电站自动化系统中，承担着保护测控单元、自动化设备和辅助设备、变电站计算机系统及电网自动化系统通信的控制、协调、监视和管理作用。对前置机的参数设置主要集中在通信方面，包括前置机的地址设置、各通信口的波特率设置、各通信口工作模式设置（RS232/RS485）和各通信口通信规约设置等。

136. 局域网的拓扑结构有哪些？

答：（1）星型。星型结构的特点结构简单、集中式控制，网中各节点都与交换中心相连。在电力系统中，采用循环式规约的远动系统中，其调度端同各厂站端的通信拓扑结构就是星型结构。

（2）总线型。总线型结构中所有节点都经接口连到同一条总线上。

（3）环型。环型拓扑结构由封闭的环组成，一般采用分布式控制，接口简单。

137. 反措中，对安装在通信室的保护专用光电转换设备的接地有什么要求？

答：安装在通信室的保护专用光电转换设备与通信设备间应

使用屏蔽电缆，并按敷设等电位接地网的要求，沿这些电缆敷设截面不小于 $100mm^2$ 铜排（缆）可靠与通信设备的接地网紧密连接。

138. 主站端显示某线路有功功率 P 或无功功率 Q 数据错，可能的原因有哪些？

答：（1）二次接线有错误。

（2）TV 缺相或消失。

（3）测量单元有故障，对于交流采样转发序号可能重复。

（4）后台系数错。

（5）现场 TA 变比改变，造成系数错。

139. 遥控错误（不返校，返校错误）怎样处理？

答：首先，检查系统通信是否正常，规约是否正确；其次，检查遥控各部分的接线是否正确；然后，检查遥控板号设置与遥控板数量和接线是否对应，查看自检报告是否有遥控板故障，检查遥控电源是否正常工作；最后，检查遥控执行板的接线及拨码开关位置等。若以上步骤均正常而执行遥控命令的断路器并不动作，这时应仔细检查遥控回路的遥控接点的位置是否合理。

140. 某厂站有一断路器遥信信号主站端显示与现场不对应，应该如何检查处理？

答：（1）检查调度端数据库及画面该遥信信号设置是否正确。

（2）现场检查RTU，在遥信接线板上短接该路遥信，观察变化是否正常，判断光耦及遥信板是否有故障。

（3）检查电缆连线是否有松动、接触不良或断线现象。

（4）检查断路器辅助接点或位置继电器接点动作情况。

141. 试述 RTU 遥控调试步骤分几步？

答：（1）自测。首先检查遥控装置的连接，在外部遥控信号线未接入之前，对每一路遥控进行分合闸操作。

（2）远方遥控测试。通过远方下发遥控命令，来测试遥控部分。

（3）遥控试验。所有检测都正确后，可带开关进行分合闸试验。在进行分合闸遥控试验操作的同时，注意相关的遥信信号的变化。

142. 变电站变压器油温和绕温为什么要远方测量？

答：目前，变电站多为无人值班变电站，变压器油温和绕温是反映变压器运行工况的重要指标，需要进行实时监测，尤其在夏季特别重要，根据监测结果及时制定负荷调整，确保变压器安全、稳定、可靠运行。

143. 变电站变压器油温和绕组测量如何实现数据上传？

答：变电站变压器油温和绕组探头驱动油温变送器，油温变送器通过输出 0～5V 或 4～20mA 直流量接入测控装置，测控装置将数据进行编码后上送主站，主站经过系数转换实现油温和绕温测量数据显示。

144. 变电站自动化当地功能检查包括哪些工作？

答：（1）数据采集和处理功能。遥信变位和事件顺序记录（SOE），模拟量数据检查。

（2）监控和保护连接功能检查。保护投退、信号复归、故障上送等。

（3）调整控制功能检查。所有控制的开关投断检查，无功电压联调的检查等。

（4）监控系统的检查。人机接口功能、打印显示、事故报警、自诊断、GPS 对时、双机切换等。

（5）和站内其他装置通信检查。直流电源、UPS、保护管理机、小电流接地、保安系统等。

145. 变电站自动化系统中"微机五防"主要功能是什么？

答：（1）防止带负荷拉、合隔离开关。

（2）防止误分、合断路器。

（3）防止带电挂接地线。

（4）防止带地线合隔离开关。

（5）防止误入带电间隔。

第五节　自动控制装置

146. 电压、无功综合控制的作用是什么？

答：在变电站中，根据系统的运行情况，对有载调压变压器和并联电容器组进行自动调整，实现电压和无功自动调整，以保证负荷侧母线电压在规定范围之内及进线功率因数尽可能高。

147. 变电站电压、无功综合控制的方法有哪些？

答：变电站主要的调压手段是调节有载调压变压器分接头位置和控制无功补偿电容器。有载调压变压器可以在带负荷的情况下切换分接头位置，从而改变变压器的变比，起到调整电压和降低损耗的作用。控制无功补偿电容器的投切，可改变网络中无功功率的分布，改善功率因数，减少网损和电压损耗，改善用户的电压质量。

148. 电力系统的电压、无功综合控制的方式有几种？

答：（1）集中控制。调度中心对各个变电站的主变压器的分接头位置和无功补偿设备进行统一的控制。

（2）分散控制。指在各个变电站，自动调节有载调压变压器的分接头位置或其他调压设备。

（3）关联分散控制。电力系统正常运行时，由分散在各变电站的分散控制装置进行自动调控，而在系统负荷变化较大或紧急情况或系统运行方式发生大的变动时，可由调度中心直接操作控制，以满足系统运行方式变化后的要求。

149. 电压、无功综合控制在进行电容器组的投切操作应考虑哪些问题？

答：（1）电容器组的投切应实行轮换原则，最先投入者最先切除，最先切除者最先投入。

（2）当多台主变压器既有关联又有独立性时，应各自投切本身所带的电容器组。

（3）人工投切的电容器组应参加排队。

（4）变电站低压母线电压过高或过低时应闭锁电容器组的投切。

（5）电容器检修或保护动作时应将电容器组投切闭锁。

150. 电压、无功综合控制在进行变压器分接头调整时应考虑哪些问题？

答：（1）多台主变压器并列运行时必须保证同步调挡，并列运行的各主变压器必须处于同一挡位时才能参加调挡，并列运行的主变压器调挡时必须同时升降。

（2）有载调压要分级进行，每次只能调一挡，前后两次调挡应有一定的延时。

（3）调挡命令发出后要进行校验，发现拒动或滑挡应闭锁调挡机构。

（4）变压器过负荷时应自动闭锁调压功能。

151. 电压、无功综合控制装置的调节目标是什么？

答：电压、无功综合控制装置以母线电压和进线无功最优或以母线电压和进线功率因数最优作为调节目标，两种方式选择一种。其中母线电压可以选择高压侧、中压侧或低压侧。

152. 电压、无功综合控制装置如何进行变电站运行方式的识别？

答：目前采用的识别方式有人工设置和自动识别两种。人工设置就是主站的运行人员根据上传至主站的状态信息对变电站的运行方式进行判断。自动识别是电压、无功综合控制系统根据主接线的断路器状态，如变压器的高中低侧断路器状态、母联和旁路的断路器状态等自动进行分析判断，以确定当时的运行方式。

153. 故障录波装置有什么作用？

答：故障录波装置是电力系统发生故障或振荡时能自动记录电力系统中有关电气参数变化过程，以便分析和研究的一种装置。通过对录波数据进行分析，可以为查找故障点提供依据，找出事故原因，制定反事故措施。

154. 故障录波装置的启动判据有哪些？

答：微机式故障录波装置都是以程序检测各启动条件是否满足来判别是否开始进行记录的，启动判据的设置关系到故障时刻录波装置能否可靠启动以及能否对故障状态进行全面可靠的记录。实际装置中可以三相电压和零序电压突变量启动、过压和欠压启动、频率越限与变化率启动和系统振荡启动等作为启动判据。

155. 故障录波装置中采用 A、B、C 相电压和零序电压突变量启动的原因是什么？

答：对高压电网中任一节点来说，反映电网重大暂态变化的根本标志是母线电压的突然变化，以相电压突变量为启动判据，可以监测接入变电站高压母线上的任一元件发生故障或有重大操作而引起的电网暂态过程。为了反映电网暂态过程的发生及转换，必须同时选取突增量与突减量启动，保证在电网每一次新的暂态开始，这个启动判据都能可靠启动一次。以零序电压突变量为启动判据，可以在电网发生故障以及进行重合闸时进一步支持故障录波器的可靠启动。

156. 故障录波装置中采用频率越限与变化率启动的原因是什么？

答：由于频率越限在电力系统运行状态不正常的某些特殊情况下，可能会长期存在，其特点是频率变化极为缓慢，以频率变化率作为启动判据，是要求记录当系统突然失去一个大电源情况下的系统频率变化过程。

157. 为什么要设置小电流接地选线？

答：我国 $10\sim35kV$ 电网中，普遍采用中性点不接地或中性点经消弧线圈接地方式，称为小电流接地系统。当小电流接地系统中发生单相接地故障时，故障相电压会降低，非故障相电压会升高，线电压仍然保持对称，且故障电流很小，此时允许电网继续运行一段时间，不影响正常的供电。但如果不及时处理，单相接地故障很有可能会发展成为两相接地短路故障，因此发生单相接地故障时，通过小电流接地选线装置应能够判断哪条线路发生接地，从而进行故障处理。

158. 变电站自动化系统中如何进行小电流接地选线？

答：判别小电流接地选线需要母线零序电压和各线路零序电流，零序电压可以从电压互感器的开口三角形提取，而零序电流需从各线路的三相电流互感器或零序电流互感器获取，发生单相接地故障时，通过判别零序电压和线路零序电流就可以确定某一线路发生单相接地。

159. 目前小电流接地自动选线的原理有哪些？

答：（1）基波零序电流方向原理。

（2）5 次谐波电流方向原理。

（3）外加高频信号电流原理。

（4）首半波原理。

（5）基于小波分析的选线原理。

160. 什么是备用电源自动投入装置？

答：备用电源自投装置是因电力系统故障或其他原因使工作电源被断开后，能迅速将备用电源或备用设备或其他正常工作的电源自动投入工作，使原来工作电源被断开的用户能迅速恢复供电的一种自动控制装置，分为明备用的控制和暗备用的控制。

161. 备用电源自动投入装置的基本要求有哪些？

答：（1）工作电源确实断开后，备用电源才投入。

（2）备用电源自动投入切除工作电源断路器必须经延时。

（3）手动跳开工作电源时，备自投投入装置不应动作。

（4）应具有闭锁备自投装置的功能。

（5）备用电源不满足有压条件，备自投装置不应动作。

（6）工作母线失压时还必须检查工作电源无流，才能启动备自投投入。

（7）备自投装置只允许动作一次。

162. 电力系统中为什么采用低频低压解列装置？

答：功率缺额的受端小电源系统中，当大电源切除后，发、供功率严重不平衡，将造成频率或电压的降低，如用低频减载不能满足发供电安全运行时，须在发供平衡的地点装设低频低压解列装置。

163. 什么是按频率自动减负荷装置？其作用是什么？

答：为了提高供电质量，保证重要用户供电的可靠性，当系统中出现有功功率缺额引起频率下降时，根据频率下降的程度，自动断开一部分不重要的用户，阻止频率下降，以便使频率迅速恢复到正常值，这种装置叫按频率自动减负荷装置。它不仅可以保证重要用户的供电，而且可以避免频率下降引起的系统瓦解事故。

第六节　配网自动化

164. 什么是配电自动化？

答：配电自动化以一次网架和设备为基础，以配电自动化系统为核心，综合利用多种通信方式，实现对配电网（含分布式电源、微网等）的监测与控制，并通过与相关应用系统的信息集成，实现配电网的科学管理。

165. 什么是配电终端？

答：安装于中压配电网现场的各种远方监测、控制单元的总称，主要包括配电开关监控终端（FTU，馈线终端）、配电变压器监测终端（TTU，配变终端）、开关站和公用及客户配电所的监控终端（DTU，站所终端）。

166. 什么是馈线自动化？

答：利用自动化装置（系统），监视配电线路（馈线）的运行状况，及时发现线路故障，迅速诊断出故障区间并将故障区间隔离，快速恢复对非故障区间的供电。

167. 配电自动化通信建设原则是什么？

答：配电自动化通信网络应首选光纤通信，这是因为光纤通信具有容量大、抗干扰能力强、可靠性高等特点。若在光纤不易覆盖的区域或节点，应采用无线通信方式。采用无线通信方式时，应做好数据传递的加密、认证，确保数据安全，并在后续配电网改造过程中逐步实现光纤化。

168. 配网自动化进行配网故障处理的流程是什么？

答：配电网故障停电时，配电自动化主站系统通过对配电SCADA采集的信息进行分析，判定出故障区段，进行故障隔离，根据配电网的运行状态和必要的约束判断条件生成网络重构方案，调度人员可根据实际条件选择手动、半自动或自动方式进行故障隔离并恢复供电。

第八章 智能变电站

第一节 基本概念

1. 什么是智能化变电站？

答：智能化变电站是采用先进、可靠、集成、低碳、环保的智能设备，以全站信息数字化、通信平台网络化、信息共享标准化为基本要求，自动完成信息采集、测量、控制、保护、计量和监控等基本功能，并根据需要支持电网实时自动控制、智能调节、在线分析决策、协调互动等高级功能的变电站。

2. 电子式互感器与常规互感器比较有什么特点？

答：电子式互感器高低压完全隔离、绝缘简单、体积小、重量轻，TA 动态范围宽、无磁饱和、可以开路，不含铁芯，消除了磁饱和及铁磁谐振等问题，TV 无谐振现象，并输出数字量，没有因充油而存在潜在的污染及易燃、易爆等危险。

3. 什么是 ICD 文件？

答：ICD 文件描述了 IED 提供的基本数据模型及服务，包含模型自描述信息，但不包含 IED 实例名称和通信参数，ICD 文件还应包含设备厂家名、设备类型、版本号、版本修改信息、明确描述修改时间、修改版本号等内容，同一型号 IED 具有相同的 ICD 模板文件，ICD 文件不包含 Communication 元素；ICD 文件按照 IEC 61850 - 7 - 4 中提供的模型及 Q/GDW 396 - 2009《IEC 61850 工程继电保护应用模型》中的规定进行建模。

4. 什么是 SCD 文件？具体体现什么功能？

答：SCD 文件包含全站所有信息，描述所有 IED 的实例配置和通信参数、IED 之间的通信配置以及变电站一次系统结构。SCD 文件应包含版本修改信息，明确描述修改时间、修改版本号等内容，SCD 文件建立在 ICD 和 SSD 文件的基础上。

5. 什么是 CID 文件？具体体现什么功能？

答：CID 文件是 IED 的实例配置文件，一般从 SCD 文件导出生成，禁止手动修改，以避免出错，一般全站唯一，每个装置一个，直接下载到装置中使用。IED 通信程序启动时自动解析 CID 文件映射生成相应的逻辑节点数据结构，实现通信与信息模型的分离，可在不修改通信程序的情况下，快速修改相关模型映射与配置。

6. ICD、SCD、CID 三个文件之间的关系是什么？

答：ICD 文件为 IED 能力描述文件。由装置厂商提供给系统集成厂商，该文件描述 IED 提供的基本数据模型及服务，但不包含 IED 实例名称和通信参数。

SCD 为文件全站系统配置文件，应全站唯一，该文件描述所有 IED 的实例配置和通信参数、IED 之间的通信配置以及变电站一次系统结构，由系统集成厂商根据 ICD 完成。

CID 为 IED 实例配置文件，每个装置有一个，由装置厂商根据 SCD 文件中本 IED 相关配置生成。

第二节　通　信　方　式

7. 智能变电站用的规约是什么？站控层和过程层分别对应哪些部分？

答：智能变电站用 IEC 61850 标准。站控层对应 MMS，过程层采样对应 SMV，过程层跳闸对应 GOOSE。

8. 基于信息交换与全站数据共享，智能变电站二次系统与常规综合自动化系统有哪些异同？

答： 基于 IEC 61850 标准的变电站二次系统，技术上是采用 IEC 60870 - 5 - 103 标准的传统综合自动化系统工程应用的继承与发展。IEC 60870 - 5 - 103 标准仅定义了应用、链路、物理层，本质上是点对点的通信方式，互操作性较差。IEC 61850 标准，采用 OSI 结构体系，面向对象建模，定义了功能及其逻辑节点，明确了应用层与网络传输，具有互操作性。功能可分解、可横向交换数据，配置方式灵活，变电站功能大多由系统层、间隔层、过程层设备组合实现，利于全站数据共享。

9. 变电站采用 IEC 61850 标准的优点是什么？

答： IEC 61850 标准面向变电站工程对象建模，使得二次系统在结构、通信、连接以及工程应用方式等方面，更易于标准化。二次系统通过采用过程层光纤网络和智能组件的方式，简化了现场二次回路，提高了系统运行可靠性和基础数据共享的能力；通过标准化 MMS、SV、GOOSE 的网络通信，更利于系统的功能配置以及设备的兼容、扩展、维护，且更容易按将来的高级应用目的逐步实现新的系统功能（或称智能化功能）。

10. IEC 61850 标准给变电站二次系统物理结构带来什么变化？

答： （1）基本取消了硬接线，所有的开入、模拟量的采集均在就地完成，转换为数字量后通过标准规约从网络传输。

（2）所有的开出控制也通过网络通信完成。

（3）继电保护的联闭锁以及控制的联闭锁也由网络通信（GOOSE 报文）完成，取消了传统的二次继电器逻辑接点。

（4）数据的共享通过网络交换完成。

11. 智能变电站从结构和功能上是如何分层的？

答： 从结构上讲，智能变电站可分为站控层设备、间隔层设备、过程层设备、站控层网络和过程层网络，即"三层两网"。间隔层设备跨两个网络。从功能实现上讲，智能变电站可分为过程层（含设备和网络）和站控层。过程层面向一次设备，站控层面向运行和继保人员。

12. 什么是 GOOSE？

答：GOOSE 是 IEC 61850 标准中用于满足变电站自动化系统快速报文需求的一种机制。

13. GOOSE 传输的数据有哪些？

答：GOOSE 可以传输开入（智能终端的常规开入等），开出（跳闸、遥控、启动失灵、联锁、自检信息等）、实时性要求高的模拟量（环境温湿度、直流量），常见传输类型包括布尔量、整型、浮点型、位串。

14. 智能变电站对装置检修状态机制是如何规定的？

答：检修状态通过装置压板开入实现，检修压板应只能就地操作，当压板投入时，表示装置处于检修状态。装置应通过 LED 状态灯、液晶显示或报警接点提醒运行、检修人员装置处于检修状态。检修压板应通过硬开入实现，且检修压板投入后装置应有相应的指示，并有相应的报文产生。

15. 智能变电站 MMS 报文检修处理机制是什么？

答：（1）装置应将检修压板状态上送客户端。

（2）当装置检修压板投入时，上送报文中信号的品质 q 的 Test 位应置位。

（3）客户端根据上送报文中的品质 q 的 Test 位判断报文是否为检修报文并做出相应处理。当报文为检修报文，报文内容应不显示在简报窗中，不发出音响告警，但应该刷新画面，保证画面的状态与实际相符。检修报文应存储，并可通过单独的窗口进行查询。

16. 智能变电站 GOOSE 报文检修处理机制是什么？

答：（1）当装置检修压板投入时，装置发送的 GOOSE 报文中的 Test 应置位。

（2）GOOSE 接收端装置应将接收的 GOOSE 报文中的 Test 位与装置自身的检修压板状态进行比较，只有两者一致时才将信号作为有效进行处理或动作。

（3）对于测控装置，当本装置检修压板或者接收到的 GOOSE 报文中的 Test 位任意一个为 1 时，上传 MMS 报文中相关信号的品质 q 的 Test 位应置 1。

17. 智能变电站 GOOSE 报文检修时的测试内容和要求包括哪些？

答：（1）测试检修不一致时，应对装置、智能接口两者均投入检修压板，装置投入、智能接口退出，装置退出、智能接口投入的情况均进行测试。

（2）检修不一致时开入状态应与接收状态一致，但不应有相应报文产生，除位置 GOOSE 开入按照实际开入状态处理外其余 GOOSE 开入均不应参与逻辑。

（3）当装置配有多组 GOOSE 时，应考虑某组接收 GOOSE 检修时对其他组 GOOSE 的影响。

18. 智能变电站 SV 报文检修处理机制是什么？

答：（1）当合并单元装置检修压板投入时，发送采样值报文中采样值数据的品质 q 的 Test 位应置 True。

（2）SV 接收端装置应将接收的 SV 报文中的 Test 位与装置自身的检修压板状态进行比较，只有两者一致时才将该信号用于保护逻辑，否则应不参加保护逻辑的计算。对于状态不一致的信号，接收端装置仍应计算和显示其幅值。

（3）若保护配置为双重化，保护配置的接收采样值控制块的所有合并单元也应双重化。两套保护和合并单元在物理和保护上都完全独立，一套合并单元检修不影响另一套保护和合并单元的运行。

19. 智能变电站 SV 报文检修处理时的测试内容和要求包括哪些？

答：测试检修不一致时，应对装置、合并单元两者均投入检修压板，装置投入、合并单元退出，装置退出、合并单元投入的情况均进行测试。当装置配置有多组 SV 时，测试时应考虑某组 SV 检修时对其余 SV 的影响。

20. SCD 文件检查完成 SCD 文件配置后，应进行哪些检查？

答：（1）文件 SCL 语法合法性检查。

（2）文件模型实例及数据集正确性检查。

（3）IP 地址、组播 MAC 地址、GOOSEID、SMVID、AP-PID 唯一性检查。

（4）VLAN、优先级等通信参数正确性检查。

（5）虚端子连接正确性和完整性检查。

（6）虚端子连接的二次回路。

21. 智能变电站一体化监控系统的作用是什么？

答：按照全站信息数字化、通信平台网络化、信息共享标准化的基本要求，通过系统集成优化，实现全站信息的统一接入、统一存储和统一展示，实现运行监视、操作与控制、信息综合分析与智能告警、运行管理和辅助应用等功能。

22. 智能变电站一体化监控系统中关于操作与控制的总要求是什么？

答：（1）应支持变电站和调度（调控）中心对站内设备的控制与操作，包括遥控、遥调、人工置数、标识牌操作、闭锁和解锁等操作。

（2）应满足安全可靠的要求，所有相关操作应与设备和系统进行关联闭锁，确保操作与控制的准确可靠。

（3）应支持操作与控制可视化。

23. 智能变电站一体化监控系统站控层的作用以及包含的设备是什么？

答：站控层负责变电站的数据处理、集中监控和数据通信，包括监控主机、数据通信网关机、数据服务器、综合应用服务器、操作员站、工程师工作站、PMU 数据集中器、计划管理终端、二次安全防护设备、工业以太网交换机及打印机等。

24. 一体化监控系统防误闭锁管理有哪些？

答：（1）防误闭锁功能应由运行部门审核，经批准后由一体化监控系统维护人员实现。

（2）防误闭锁功能升级、修改，应进行现场验收、验证。

（3）应加强一体化监控系统防误闭锁功能检查和维护工作。

25. 智能变电站一体化监控系统的几种高级应用有哪些？

答：智能变电站一体化监控系统的高级应用包括顺序控制、智能告警、源端维护、支撑电网经济运行与优化控制及故障信息综合分析决策。

26. 什么是智能变电站的源端维护？

答：变电站作为调度系统数据采集的源端，应提供各种可自描述的配置参量，维护时仅需在变电站利用统一配置工具进行配置，生成标准配置文件，包括变电站主接线图、网络拓扑等参数及数据模型。变电站自动化系统与调度系统可自动获得变电站的标准配置文件，并自动导入到自身系统数据库中。变电站自动化系统的主接线图和分画面图形文件，应以网络图形标准 SVG 格式提供给调度系统。

27. 什么是智能变电站的区域智能防误操作？

答：智能变电站的区域智能防误操作是根据变电站高压设备的网络拓扑结构，对断路器、隔离开关操作前后不同的分合状态，进行高压设备的有电、停电、接地三种状态的拓扑变化计算，自动实现防止电气误操作逻辑判断。

28. 智能变电站的智能告警及分析决策是如何实现的？

答：根据变电站逻辑和推理模型，实现对告警信息的分类和信号过滤，对变电站的运行状态进行在线实时分析和推理，自动报告变电站异常并提出故障处理指导意见，为主站提供智能告警，为主站分析决策提供事件信息。

29. 什么是智能变电站的故障信息综合分析决策？

答：智能变电站的故障信息综合分析决策是在故障情况下对包括事件顺序记录信号及保护装置、相量测量、故障录波等数据进行数据挖掘、多专业综合分析，并将变电站故障分析结果以简洁明了的可视化界面综合展示。

30. 后台机可以实现关于定值的哪些功能？

答：后台机可以实现定值召唤功能、定值区切换功能和定值修改功能。

31. 同期功能检验包括哪些？

答：同期功能检验包括检验断路器无压合闸功能及无压定值、检验断路器同期合闸功能及同期定值、检验断路器强制合闸功能和检验断路器三相不一致功能。

第三节　智能终端及合并单元

32. 什么是智能终端？

答：智能终端指与传统一次设备就近安装，实现信息采集、传输、处理、控制的智能化电子装置。

33. 智能终端断路器操作箱有哪些功能？

答：智能终端断路器操作箱应具有分合闸、合后监视、重合闸、操作电源监视和控制回路断线监视功能。

34. 智能变电站中关于直采直跳是指什么？

答：直采直跳也称点对点模式，直采就是智能电子设备不经过以太网交换机而以点对点光纤直连方式进行采样值（SV）的数字化采样传输；直跳是指智能电子设备间不经过以太网交换机而以点对点光纤直连方式并用 GOOSE 进行跳合闸信号的传输。

35. 智能变电站按照过程层的组网方式可以分为哪三种方案？

答：智能变电站按照过程层的组网方式分为直采直跳方案、

直采网跳方案、网采网跳方案三种方案。

36. 什么是智能变电站二次系统虚端子？

答：智能变电站二次系统虚端子表述智能变电站智能 IED 设备之间逻辑节点交互信息的通信连接，同时兼容了智能变电站与传统变电站的工程设计，描述 IED 设备的 GOOSE、SV 输入、输出信号连接点的总称，用以标识过程层、间隔层及其之间联系的二次回路信号，等同于传统变电站的屏端子。

37. 什么是智能变电站二次系统虚回路？

答：智能变电站二次系统虚回路是指两个（或两个以上）智能组件虚端子之间的通信连接，以及智能组件内部由编程、组态实现的逻辑联系和运算过程。

38. 智能装置 GOOSE 输入检验包括哪几部分？

答： （1）按 SCD 文件配置，依次模拟被检装置的所有 GOOSE 输入，观察被检装置显示正确性。

（2）检查 GOOSE 输入量设置有相关联的压板功能。

（3）改变装置和测试仪的检修状态，检查装置在正常和检修状态下接收 GOOSE 报文的行为。

（4）检查装置各输入量在 GOOSE 中断情况下的行为。

39. 智能变电站中对母线电压合并单元的功能要求是什么？

答：对于接入了两段及以上母线电压的母线电压合并单元，母线电压并列功能宜由合并单元完成，合并单元通过 GOOSE 网络获取断路器、隔离开关位置信息，实现电压并列功能。

40. 智能变电站测控单元应具有的功能要求是什么？

答：测控单元应具有交流采样、测量、防误闭锁、同期检测、就地断路器紧急操作和单接线状态及测量数字显示等功能，对全站运行设备的信息进行采集、转换、处理和传送。

41.《IEC 61850 工程继电保护应用模型》对于 SV 告警的要求是什么?

答:(1)保护装置的接收采样值异常应送出告警信号,设置对应合并单元的采样值无效和采样值报文丢帧告警。

(2)SV 通信时对接收报文的配置不一致信息应送出告警信号,判断条件为配置版本号、ASDU 数目及采样值数目不匹配。

(3)ICD 文件中,应配置有逻辑接点 SVAlmGGIO,其中配置足够的 Alm 用于告警。

42. 合并单元的检验包括哪些内容?

答:(1)检验常规采集合并单元输出 SV 数据通道与装置模拟量输入关联的正确性,检查相关通信参数符合 SCD 文件配置。如用直采方式,SV 数据输出还应检验是否满足 Q/GDW441 等间隔输出及带延时参数的要求。

(2)应分别检验常规采集合并单元网络采样模式和点对点直接采样模式的准确度。还应检验常规采集合并单元的模拟量采样线性度、零漂、极性等。

(3)如合并单元具备电压并列功能,应模拟并列条件检验合并单元电压并列功能;如合并单元具备电压切换功能,应模拟切换条件检验合并单元电压切换功能。

43. 合并单元和智能终端现场巡视主要内容有哪些?

答:合并单元要检查外观正常,无异常发热,电源及各种指示灯正常、无告警,检查各间隔电压切换运行方式指示与实际一致。智能终端要检查外观正常,无异常发热,电源指示正常,压板位置正确、无告警。

44. 智能装置 SV 输入检验包括哪些部分?

答:(1)按 SCD 文件配置,模拟被检装置的所有 SV 输入,观察被检装置显示正确性。

(2)对于有多路(MU)SV 输入的装置,模拟被检装置的两路及以上 SV 输入,检查装置的采样同步性能。

（3）检查 SV 输入量设置有相关联的压板功能。

（4）改变装置和测试仪的检修状态，检查装置在正常和检修状态下，接收 SV 报文的行为。

（5）改变测试仪的同步标志，检查装置的行为。

45. 智能变电站 SV 品质异常的原因有哪些？

答：智能变电站 SV 品质异常的原因有 SV 原始无效、SV 丢点、SV 双 AD 异常、SV 时标超限和 SV 脉冲失步。

46. 智能设备模拟量检验包括哪些内容？

答：（1）按 SCD 文件配置，模拟被检装置的所有 SV 传输输入，检查装置显示画面和相关遥测报告正确性。

（2）对于有多路（MU）SV 输入的装置，模拟被检装置的两路及以上 SV 输入，检查装置的采样同步性能。

（3）检验模拟量功率计算准确度。

（4）改变测试仪输出值，检验测控装置的模拟量死区值。

（5）改变测试仪的检修状态，检查装置输出遥测报告的品质位。

（6）改变测控装置的检修状态，检查装置输出遥测报告的品质位。

第四节　调　试　验　收

47. 智能变电站同步对时功能的要求有哪些？

答：（1）应建立统一的同步对时系统，全站应采用基于卫星时钟（优先采用北斗）与地面时钟互备方式获取精确时间。

（2）地面时钟系统应支持通信光传输设备提供的时钟信号。

（3）用于数据采样的同步脉冲源应全站唯一，可采用不同接口方式将同步脉冲传递到相应装置。

（4）同步脉冲源应同步于正确的精确时间秒脉冲，应不受错误的秒脉冲影响。

（5）支持网络、IRIG - B 等同步对时方式。

48. 对时系统准确度检验包括哪些方面？

答：对时系统准确度检验包括蘑菇头检验、检验主时钟输出的时钟准确度、检验被对时设备对时输入端口的时钟准确度和主备钟切换试验。

49. 智能变电站标准化调试流程是什么？

答：智能变电站标准化调试流程依次为组态配置、系统测试、系统动模、现场调试和投产试验。

50. 智能变电站调试试验包括哪些内容？

答：（1）单体调试。单体设备、单元装置调试，二次回路和输入输出信号检查。

（2）分系统调试。网络系统、监控系统、继电保护系统、远动通信系统、电能量信息管理系统、全站同步对时系统、不间断电源系统、网络状态监测系统、二次系统安全防护、辅助系统等分系统调试以及传动试验。

（3）全站系统调试。主要是一体化信息平台的顺序控制、防误操作、智能告警及故障信息分析决策、设备状态可视化、站域控制、辅助控制系统智能化等全站高级应用功能调试，以及系统性能测试和全站功能检查试验。

51. 什么是智能变电站的工厂验收和现场验收？

答：工厂验收是变电站智能化设备及系统出厂前，在系统集成商或设备制造商的场所，按照 FAT 大纲进行的系统或设备功能和性能的检测验收。现场验收是依据合同和技术功能规范要求，在系统或设备运抵现场完成安装调试，投入运行前，按照SAT 大纲进行的变电站智能化系统或设备功能和性能的验收。

52. 智能变电站的特殊状态包括哪些？

答：发生事故、重大异常、防汛抗台、火灾、水灾、地震、人为破坏、灾害性天气、重要保电任务、远动通道中断、变电站计算机网络瘫痪等情况都视为特殊状态。

53. 一体化电源检验包括哪些部分？

答：（1）检验电源模块运行参数在线监测功能。

（2）测试直流输出电源纹波系数。

（3）检验直流电源绝缘在线监测功能。

（4）检验 UPS 锁相功能。

（5）检验 UPS 电压切换功能。

（6）测试 UPS 输出电源纹波。

54. 站用电源系统（一体化电源系统）现场巡视主要内容有哪些？

答：（1）检查设备运行正常、各指示灯及液晶屏显示正常，无告警。

（2）检查空气断路器、控制把手位置正确。

（3）站用电源系统监测单元数据显示正确，无告警，交直流系统各表计指示正常，各出线开关位置正确。

（4）检查蓄电池组外观无异常、无漏液，蓄电池室环境温、湿度正常。电源切换正常。逆变电源切换正常。

55. 智能站现场调试应具备的条件？

答：系统应通过组态配置和系统测试，并具有以下技术文件：

（1）系统配置文件（SCD 文件）。

（2）系统测试报告。

（3）系统动模试验报告（如未做系统动模试验则没有）。

（4）设备合同。

（5）高级功能相关策略 ［含闭锁逻辑、AV（Q）C 策略、智能告警与故障综合分析策略等］。

（6）保护投产定值。

（7）设计图纸（含虚端子接线图、远动信息表、网络配置图等）。

（8）其他需要的技术文件。

56. 工程验收时除移交常规的技术资料外还应包括什么？

答：（1）系统配置文件、交换机配置、GOOSE 配置图、全站设备网络逻辑结构图、信号流向、智能设备技术说明等技术资料。

（2）系统集成调试及测试报告。

（3）设备现场安装调试报告（在线监测、智能组件、电气主设备、二次设备、监控系统、辅助系统等）。

（4）在线监测系统报警值清单及说明。

第二部分

电气试验

第九章 电气试验基础知识

1. 基本电路由哪几部分组成？

答：基本电路由电源、连接导线、开关及负载四部分组成。

2. 什么是部分电路欧姆定律？什么是全电路欧姆定律？

答：部分电路欧姆定律是用来说明电路中任一元件或一段电路上电压、电流和阻抗这三个基本物理量之间关系的定律，用关系式 $U=IR$ 或 $U=IZ$ 表示。

全电路欧姆定律是用来说明在一个闭合电路中电压（电动势）、电流、阻抗之间基本关系的定律。

3. 电流的方向是如何规定的？自由电子运动的方向和电流方向有何关系？

答：正电荷的运动方向规定为电流的正方向，它与自由电子运动的方向相反。

4. 什么是线性电阻？

答：电阻值不随电流、电压的变化而变化的电阻称为线性电阻，其伏安特性为一条直线。

5. 什么是非线性电阻？

答：电阻值随电流、电压的变化而变化的电阻称为非线性电阻，其伏安特性为一条曲线。

6. 导体、绝缘体、半导体是怎样区分的？

答：导电性能良好的物体叫导体，如各种金属。几乎不能传导电荷的物体叫绝缘体，如云母、陶瓷等。介于导体和绝缘体之间的一类物体叫半导体，如氧化铜、硅等。

7. 电磁感应理论中左手定则是用来判断什么的？右手定则是用来判断什么的？

答：左手定则是用来判断磁场对载流导体作用力的方向的；右手定则有两个，一个是用来判断感应电动势方向的，另一个用来判断电流所产生的磁场方向。

8. 基尔霍夫定律的内容是什么？

答：基尔霍夫定律包括基尔霍夫第一定律和基尔霍夫第二定律。

基尔霍夫第一定律：对任何一个节点，任何一个平面或空间的封闭区域，流入的电流之和总是等于流出的电流之和，即其流入电流（或流出电流）的代数和等于零。

基尔霍夫第二定律：对任何一个闭合回路，其分段电压降之和等于电动势之和。

9. 戴维南定理的内容是什么？

答：任何一个线性含源二端网络，对外电路来说，可以用一条有源支路来等效替代，该有源支路的电动势等于含源二端网络的开路电压，其阻抗等于含源二端网络化成无源网络后的入端阻抗。

10. 时间常数的物理含义是什么？

答：在暂态过程中当电压或电流按指数规律变化时，其幅度衰减到 $1/e$ 所需的时间，称为时间常数，通常用"τ"表示。它是衡量电路过渡过程进行快慢的物理量，时间常数 τ 值大，表示过渡过程所经历的时间长，经历一段时间 $t=(3\sim5)\tau$，即可认为过渡过程基本结束。

11. 串、并联电路中，电流、电压的关系是怎样的？

答：在串联电路中，电流处处相等，总电压等于各元件上电压降之和。在并联电路中，各支路两端电压相等，总电流等于各支路电流之和。

12. 测量直流高压有哪几种方法？

答：测量直流高压必须用不低于 1.5 级的表计、1.5 级的分压器进行，常采用以下几种方法：

（1）高电阻串联微安表测量，这种方法可测量数千伏至数万伏的高压。

（2）高压静电电压表测量。

（3）在试验变压器低压侧测量。

（4）用球隙测量。

13. 在线检测的含义是什么？

答：在线检测就是在电力系统运行设备不停电的情况下进行实时检测，检测内容包括绝缘、过电压及污秽等参数。

14. 什么是绝缘介质的绝缘电阻？

答：在绝缘结构的两个电极之间施加的直流电压值与流经该对电极的泄漏电流值之比。常用兆欧表直接测得，指加压 1min 时的测得值。

15. 电介质极化有哪几种基本形式？

答：电介质极化有电子式极化、离子式极化、偶极子极化、夹层式极化四种基本形式。

16. 绝缘的含义和作用分别是什么？

答：绝缘就是不导电的意思，绝缘的作用是把电位不同的导体分隔开来，不让电荷通过，以保持它们之间不同的电位。

17. 按工作原理分，电气仪表有哪几种形式？

答：有电磁式、电动式、磁电式、感应式、整流式、热电式、电子式、静电式仪表等。

18. 怎样用电压表测量电压，用电流表测量电流？

答：测量电压时，电压表应与被测电路并联，并根据被测电压正确选择量程、准确度等级。

测量电流时，电流表应与被测电路串联，并根据被测电流正确选择量程、准确度等级。

19. 使用万用表应注意什么？

答：（1）根据测量对象将转换开关转至所需挡位上。

（2）使用前应检查指针是否在机械零位。

（3）为保证读数准确，测量时应将万用表放平。

（4）应正确选择测量范围，使测量的指针移动至满刻度的2/3附近，这样可使读数准确。

（5）测量直流时，应将表笔的正负极与直流电压的正负极相对应。

（6）测量完毕，应将转换开关旋至交流电压挡。

20. 高压设备外壳接地有什么作用？

答：高压设备的外壳接地是为了防止电气设备在绝缘损坏时，外壳带电而误伤工作人员，这种接地也称为保护接地。

21. 兆欧表为什么没有指针调零螺钉？

答：兆欧表的测量机构为流比计型，因而没有产生反作用力矩的游丝，在测量之前，指针可以停留在刻度盘的任意位置上，所以没有指针调零螺钉。

22. 为什么会发生放电？

答：不论什么样的放电，都是由于绝缘材料耐受不住外施电压所形成的电场强度所致。因此，外施电压（含高低、波形、极性）和绝缘结构所决定的电场强度是发生放电的最基本的原因。促成放电差异的外因主要有光、热（温度）、化学（污染、腐蚀等）、力（含气压）、气象（湿度等）和时间等。

23. 在例行试验时，为什么要记录测试时的大气条件？

答：例行试验的许多测试项目与温度、湿度、气压等大气条件有关。绝缘电阻随温度上升而减小，泄漏电流随温度上升而增大，介质损耗随温度上升而增大。湿度增大会使绝缘表面泄漏电流增大，影响测试数据的准确性。所以测试时应记录大气条件，以便核算到相同温度，在相同条件下对测试结果进行综合分析。

24. 泄漏和泄漏电流的物理意义是什么？

答：绝缘体是不导电的，但实际上几乎没有一种绝缘材料是绝对不导电的。任何一种绝缘材料，在其两端施加电压，总会有一定电流通过，这种电流的有功分量称为泄漏电流，这种现象称为绝缘体的泄漏。

25. 为什么介质的绝缘电阻随温度升高而减小，金属材料的电阻却随温度升高而增大？

答：绝缘材料电阻系数很大，其导电性质是离子性的，而金属导体的导电性质是自由电子性的。在离子性导电中，作为电流流动的电荷附在分子上，它不能脱离分子而移动。当绝缘材料中存在一部分从结晶晶体中分离出来的离子后，材料具有一定的导电能力，当温度升高时，材料中原子、分子的活动增加，产生离子的数目也增加，因而导电能力增加，绝缘电阻减小。而在自由电子性导电的金属中，其所具有的自由电子数目固定不变，而且不受温度影响，当温度升高时，材料中原子、分子的运动增加，自由电子移动时与分子碰撞的可能性增加，因此，所受的阻力增大，即金属导体随温度升高电阻也增大了。

26. 什么是介质的吸收现象？

答：绝缘介质在施加直流电压后，常有明显的电流随时间衰减的现象，这种衰减可以延续到几秒、几分甚至更长的时间。特别是测量大容量电气设备的绝缘电阻时，通常都可以看到绝缘电阻随充电时间的增加而增加，这种现象称为介质的吸收现象。

27. 为了对试验结果做出正确的分析，必须考虑哪几个方面的情况？

答：（1）把试验结果和有关标准的规定值相比较，符合标准要求的为合格，否则应查明原因，消除缺陷，但对那些标准中仅有参考值或未做规定的项目，不应轻率判断，而应参考其他项目制造厂规定和历史状况进行状态分析。

（2）和过去的试验记录进行比较，这是一个比较有效的判断方法，如试验结果与历年记录相比无显著变化，或者历史记录本身有逐渐的微小变化，说明情况正常；如果和历史记录相比有突变，则应查明，找出故障加以排除。

（3）对三相设备进行三相之间试验数据的对比，不应有显著的差异。

（4）和同类设备的试验结果相对比，不应有显著差异。

（5）试验条件的可比性，气象条件和试验条件等对试验的影响。

最后必须指出，各种试验项目对不同设备和不同故障的有效性和灵敏度不同，这一点对分析试验结果、排除故障等具有重大意义。

28. 什么是兆欧表的负载特性？

答：被测绝缘电阻 R 和端电压 U 的关系曲线随兆欧表的型号而变化。当被测绝缘电阻值低时，端电压明显下降。

29. 影响绝缘电阻测量的因素有哪些，各产生什么影响？

答：（1）温度。温度升高，绝缘介质中的极化加剧，电导增加，绝缘电阻降低。

（2）湿度。湿度增大，绝缘表面易吸附潮气形成水膜，表面泄漏电流增大，影响测量准确性。

（3）放电时间。每次测量绝缘电阻后应充分放电，放电时间应大于充电时间，以免被试品中的残余电荷流经兆欧表中流比计的电流线圈，影响测量的准确性。

30. 电气设备按是否贯通两极间的全部绝缘有哪几种放电形式？

答：（1）局部放电。即绝缘介质中局部范围的电气放电，包括发生在固体绝缘空穴中、液体绝缘气泡中、不同介质特性的绝缘层间以及金属表面的棱边、尖端上的放电等。

（2）击穿。击穿包括火花放电和电弧放电，根据击穿放电的成因还有电击穿、热击穿、化学击穿的划分。根据放电的其他特征有辉光放电、沿面放电、爬电、闪络等。

31. 保护间隙的工作原理是什么？

答：保护间隙是由一个带电极和一个接地极构成，两极之间相隔一定距离构成间隙。它平时并联在被保护设备旁，在过电压侵入时，间隙先行击穿，把雷电流引入大地，从而保护设备。

32. 测量球隙的工作原理是什么？

答：空气在一定电场强度的作用下才能发生碰撞游离，均匀或稍不均匀电场下空气间隙的放电电压与间隙距离有一定的关系，测量球隙就是利用间隙放电来进行电压测量的。测量球隙是由一对相同直径的金属球构成，当球隙直径 D 大于球隙距离 L 时，球隙电场基本上属稍不均匀电场，用已知球隙在标准条件下的放电电压，乘以试验条件下的空气相对密度，便可求出已知试验条件下相同球隙的放电电压。放电电压仅取决于球隙的距离。

33. 雷电放电的基本过程是什么？

答：雷电放电是雷云（带电的云，绝大多数为负极性）所引起的放电现象，其放电过程和长间隙极不均匀电场中的放电过程相同。

雷云对地放电大多数情况下都是重复的，每次放电都有先导放电和主放电两个阶段。当先导发展到达地面或其他物体，如输电线、杆塔等时，沿先导发展路径就开始了主放电阶段，这就是通常看见的耀眼的闪电，也就是雷电放电的简单过程。

34. 过电压是怎样形成的？它有哪些危害？

答：一般来说，过电压的产生都是由于电力系统的能量发生瞬间突变。由外部直击雷或雷电感应突然加到系统里所引起的，称为大气过电压或外部过电压；在系统运行中，由于操作故障或其他原因所引起系统内部电磁能量的振荡、积聚和传播，从而产生的过电压，称为内部过电压。

不论是大气过电压还是内部过电压都是很危险的，均可能使输、配电线路及电气设备的绝缘弱点发生击穿或闪络，从而破坏电气系统的正常运行。

35. 电流对人体的伤害程度与通电时间的长短有何关系？

答：通电时间越长，引起心室颤动的危险也越大。这是因为通电时间越长，人体电阻因出汗等原因而降低，导致通过人体的电流增加，触电的危险性也随之增加。此外，心脏每搏动一次，中间约有 $0.1\sim0.2s$ 的时间对电流最为敏感。通电时间越长，与心脏最敏感瞬间重合的可能性也就越大，危险性也就越大。

36. 表征电气设备外绝缘污秽程度的参数主要有哪几个？

答：（1）污层的等值附盐密度。它以绝缘子表面每平方厘米的面积上有多少毫克的氯化钠来等值表示绝缘子表面污秽层导电物质的含量。

（2）污层的表面电导。它以流经绝缘子表面的工频电流与作用电压之比，即表面电导来反映绝缘子表面综合状态。

（3）泄漏电流脉冲。在运行电压下，绝缘子能产生泄漏电流脉冲，通过测量脉冲次数，可反映绝缘子污秽的综合情况。

37. 什么是悬浮电位？

答：高压电力设备中某一金属部件，由于结构上的原因或运输过程和运行中造成断裂，失去接地，处于高压与低压电极间，按其阻抗形成分压。而在这一金属上产生一对地电位，称之为悬浮电位。

38. 高压电力设备中的悬浮放电危害有哪些？

答：悬浮电位由于电压高，场强较集中，一般会使周围固体介质烧坏或炭化，也会使绝缘油在悬浮电位作用下分解出大量特征气体，从而使绝缘油色谱分析结果超标。

39. 电击穿的机理是什么？

答： 在电场的作用下，当电场强度足够大时，介质内部的电子带着从电场获得的能量，急剧地碰撞它附近的原子和离子，使之游离。因游离而产生的自由电子在电场的作用下又继续和其他原子或离子发生碰撞，这个过程不断地发展下去，使自由电子越来越多。在电场作用下定向流动的自由电子多了，如此不断循环下去，终于在绝缘结构中形成了导电通道，绝缘性能就完全被破坏。这就是电击穿的机理。

40. 劣化的含义是什么？

答： 劣化是指绝缘在电场、热、化学、机械力、大气条件等因素作用下，其性能变劣的现象。劣化的绝缘有的是可逆的，有的是不可逆的。例如绝缘受潮后，其性能下降，但进行干燥后，又恢复其原有的绝缘性能，显然，它是可逆的。再如，架空线路支柱绝缘子，长期在导线舞动的作用下，使瓷件内的微孔逐渐渗透而扩展成小裂纹，进而扩大直至开裂，最终导致绝缘子机械强度和绝缘性能下降，这种变化是不可逆的。

41. 老化的含义是什么？

答： 老化是绝缘在各种因素长期作用下发生一系列的化学物理变化，导致绝缘电气性能和机械性能等不断下降。绝缘老化的原因很多，但一般电气设备绝缘中常见的老化是电老化和热老化。

42. 什么是电介质损耗？

答： 绝缘介质在交流电压的作用下，电介质中的部分电能将转变成热能，这部分能量称为电介质损耗。

43. 什么是偶极子式极化？

答： 某些极性电介质，在外电场的作用下偶极子沿电场方向有规律地排列，对外显示极性，这种极化称为偶极子式极化。

44. 什么是离子式极化？

答： 某些离子结构的电介质，在外电场的作用下，正、负离子向相应的电极偏移，使整个分子呈现极性，这种离子间相对位移而引起的极化称为离子式极化。

45. 什么是极化损耗？

答：电介质在交流电压作用下，发生周期性极化。此时介质中的带电质点在交变电场作用下，做往复有限位移并重新排列，这样质点需要多次克服相互作用力，损耗能量，这种损耗称为极化损耗。

46. 电气设备绝缘可能受到哪些电压作用？

答：设备绝缘上可能受到正常运行条件下的工频电压、暂时过电压（包括工频电压升高）、操作过电压、雷电过电压等电压作用。

47. 什么是沿面放电？沿面放电强度取决于什么？

答：当带电体电压超过一定限度时，常在固体介质和空气的交界面上出现沿绝缘表面放电的现象，称为沿面放电。沿面放电取决于沿表面放电路径的电场分布情况，它直接受到电极形式和表面状态的影响。

48. 什么是状态检修？

答：状态检修是企业以安全、环境、效益为基础，通过设备状态评价、风险评估、检修决策等手段开展设备检修工作，达到设备运行安全可靠，检修成本合理的一种检修策略。

49. 设备状态检修的基本流程包括哪几个环节？

答：设备状态检修的基本流程包括设备信息收集、设备状态评价、风险评估、检修策略、检修计划、检修实施及绩效评估等七个环节。

50. 一次变电设备的状态分类有哪些？

答：一次变电设备及其部件的状态分为正常状态、注意状态、异常状态和严重状态。

51. 状态检修中例行试验和诊断性试验的含义是什么？

答：例行试验通常按周期进行，诊断性试验只在诊断设备状态时根据情况有选择地进行。例行试验是为获取设备状态量，评估设备状态，及时发现事故隐患，定期进行的各种带电检测和停电试验。诊断性试验是在巡检、在线监测、例行试验等发现设备状态不良，或经受了不良工况，或受家族性缺陷警示，或连续运行了较长时间的情况下，为进一步评价设备状态进行的试验。

52. 直流泄漏试验和直流耐压试验相比，其作用有何不同？

答：直流泄漏试验和直流耐压试验方法虽然一致，但作用不同。直流泄漏试验是检查设备的绝缘状况，其试验电压较低；直流耐压试验是考核设备绝缘的耐电强度，其试验电压较高，它对于发现设备的局部缺陷具有特殊的意义。

53. 交流电压作用下的电介质损耗主要包括哪几部分，怎么引起的？

答：（1）电导损耗。它是由泄漏电流流过介质引起的。

（2）极化损耗。因介质中偶极分子反复排列相互克服摩擦力引起的，在夹层介质中，边界上的电荷周期性的变化造成的损耗也是极化损耗。

（3）游离损耗。气隙中的电晕损耗和液、固体中局部放电引起的损耗。

54. 测量工频交流耐压试验电压有几种方法？

答：（1）在试验变压器低压侧测量。对于一般瓷质绝缘、断路器、绝缘工具等，可测取试验变压器低压侧的电压，再通过电压比换算至高压侧电压。它只适用于负荷容量比电源容量小得多，测量准确要求不高的情况。

（2）用电压互感器测量。将电压互感器的一次侧并接在被试品的两端头上，在其二次侧测量电压，根据测得的电压和电压互感器的变压比计算出高压侧的电压。

（3）用高压静电电压表测量。用高压静电电压表直接测量工频高压的有效值，这种形式的表计多用于室内的测量。

（4）用铜球间隙测量。球间隙是测量工频高压的基本设备，测量误差在 3% 的范围内。球隙测的是交流电压的峰值，如果所测电压为正弦波，则峰值除以 $\sqrt{2}$ 即为有效值。

（5）用电容分压器或阻容分压器测量。由高压臂电容器 C_1 与低压臂电容器 C_2 串联组成的分压器，用电压表测量 C_2 上的电压 U_2，然后按分压比算出高压 U_1。

55. 在工频交流耐压试验中，如何发现电压、电流谐振现象？

答：在做工频交流耐压试验时，当稍微增加电压就导致电流剧增时，说明将要发生电压谐振。当电源电压增加，电流反而有所减小，这说明将要发生电流谐振。

56. 影响介质绝缘强度的因素有哪些？

答：（1）电压的作用。除了与所加电压的高低有关外，还与电压的波形、极性、频率、作用时间、电压上升的速度和电极的形状等有关。

（2）温度的作用。过高的温度会使绝缘强度下降甚至发生热老化、热击穿。

（3）机械力的作用。如机械负荷、电动力和机械振动使绝缘结构受到损坏，从而使绝缘强度下降。

（4）化学的作用。包括化学气体、液体的侵蚀作用会使绝缘受到损坏。

（5）大自然的作用。如日光、风、雨、露、雪、尘埃等的作用会使绝缘产生老化、受潮、闪络。

57. 测量介质损耗角正切值有何意义？

答：测量介质损耗角正切值是绝缘试验的主要项目之一。它在发现绝缘受潮、老化等分布性缺陷方面比较灵敏有效。

在交流电压的作用下，通过绝缘介质的电流包括有功分量和无功分量，有功分量产生介质损耗。介质损耗在电压频率一定的情况下，与 tanδ 成正比。对于良好的绝缘介质，通过电流的有功分量很小，介质损耗也很小，tanδ 很小，反之则增大，因此通过介质损耗角正切值的测量就可以判断绝缘介质的状态。

58. 现场测量 tanδ 时，往往出现－tanδ，阐述产生－tanδ 的原因？

答：产生－tanδ 的原因有电场干扰、磁场干扰、标准电容器受潮和存在 T 型干扰网络。

59. 影响绝缘电阻测试值的因素主要有哪些？

答：主要有被测试品的绝缘结构、尺寸形状、光洁程度、使用的绝缘材料和组合方式；试验时的温度、湿度、施加电压的大小和时间；导体与绝缘的接触面积、测试方法等因素。

60. 用 QS1 型西林电桥测 tanδ，消除电场干扰的方法有哪些？

答：（1）使用移相器消除干扰法。

（2）用选相倒相法。

（3）在被试品上加屏蔽环或罩，将电场干扰屏蔽掉。

（4）用分级加压法。

（5）桥体加反干扰源法。

61. 做大电容量设备的直流耐压时，充放电有哪些注意事项？

答：被试品电容量较大时，升压速度要注意适当放慢，让被试品上的电荷慢慢积累。在放电时，要注意安全，一般要使用绝缘杆通过放电电阻来放电，并且注意放电要充分，放电时间要足够长，否则剩余电荷会对下次测试带来影响。

62. 做电容量较大的电气设备的交流耐压时，应准备哪些设备仪表？

答：应准备足够容量的电源引线、隔离开关、耐压控制箱、调压器、试验变压器、球隙（或其他过压保护装置）、高压分压器、连接导线、接地线等，必要时还需要补偿电抗器。

63. 用 QS1 型西林电桥测 tanδ 时的操作要点有哪些？

答：（1）接线经检查无误后，将各旋钮置于零位，确定分流器挡位。

（2）接通光源，加试验电压，并将"＋tanδ"转至"接通"位置。

（3）增加检流计灵敏度，旋转调谐钮，找到谐振点，再调 R_3、C_4 使光带缩小。

（4）提高灵敏度，再按顺序反复调节 R_3、C_4 及 P，使灵敏度达最大时光带最小，直至电桥平衡。

（5）读取电桥测量读数，将检流计灵敏度降至零位，降下试验电压，切断电源，将高压接地放电。

64. 对局部放电测量仪器系统的一般要求是什么？

答：（1）有足够的增益，这样才能将测量阻抗的信号放大到足够大。

（2）仪器噪声要小，这样才不至于使放电信号淹没在噪声中。

（3）仪器的通频带要可选择，可以根据不同测量对象选择带通。

65. 局部放电测量中常见的干扰有几种？

答：（1）高压测量回路干扰。

（2）电源侧侵入的干扰。

（3）高压带电部位接触不良引起的干扰。

（4）高压电场作用范围内金属物处于悬浮电位或接地不良的干扰。

（5）空间电磁波干扰，包括电台、高频设备的干扰等。

（6）地中零序电流从入地端进入局部放电测量仪器带来的干扰。

66. 为什么测量直流电阻时，用单臂电桥要减去引线电阻，用双臂电桥不用？

答：当被测电阻大于引线电阻几百倍时，引线电阻可以忽略。但当被测电阻与引线电阻相比较仅为引线电阻的几十倍及以下时要减去测量用引线电阻。单臂电桥所测得的电阻包括引线部分的电阻，因此用单臂电桥需要减去引线电阻。而用双臂电桥时，测得值远大于引线电阻值，因此不用减去引线电阻。

67. 测量直流电阻为什么不能用普通整流的直流电源？

答：测量直流电阻是求取绕组的纯电阻，如果用普通整流的直流电源，其交流成分能带来一定数量的交流阻抗含量，增大了测量误差，所以测量直流电阻的电源，只能选干电池、蓄电池或者纹波系数小于 5‰ 的高质量整流的直流电源。

68. 在测量泄漏电流时如何排除被试品表面泄漏电流的影响？

答：为消除被试品表面吸潮、脏污对测量的影响应做如下工作：

（1）可采用干燥的毛巾或加入酒精、丙酮等擦拭被试品表面。

（2）在被试品表面涂上一圈硅油。

（3）采用屏蔽线使表面泄漏电流通过屏蔽线不流入测量仪表。

（4）用电吹风干燥试品表面。

69. 为什么用兆欧表测量大容量试品的绝缘电阻时，表针会左右摆动？应如何解决？

答：兆欧表由手摇发电机和磁电式流比计构成。测量时，输出电压会随摇动速度变化而变化，输出电压微小变动对测量纯电阻性试品影响不大，但对于大容量电容性试品，当转速高时，输出电压也高，该电压对被试品充电；当转速低时，被试品向表头放电，这样就导致表针摆动，影响读数。

解决的办法是在兆欧表的"线路"端子 L 与被试品间串入一只 2DL 型高压硅整流二极管，用以阻止被试品对兆欧表放电。这样既可消除表针的摆动，又不影响测量准确度。

70. 直流泄漏试验可以发现哪些缺陷？

答：直流泄漏试验易发现贯穿性受潮、脏污及导电通道一类的绝缘缺陷。

71. 用兆欧表测量大容量试品的绝缘电阻时，测量完毕为什么兆欧表不能骤然停止，而必须先从试品上取下测量引线后再停止？

答：在测量过程中，兆欧表电压始终高于被试品的电压，被试品电容逐渐被充电，而当测量结束前，被试品电容已储存有足够的能量；若此时骤然停止，则因被试品电压高于兆欧表电压，势必对兆欧表放电，有可能烧坏兆欧表。

72. 对现场使用的电气仪器仪表有哪些基本要求？

答：（1）要有足够的准确度，仪表的误差应不大于测试所需准确度等级的规定，并有定期检验合格证书。

（2）抗干扰能力强，即测量误差不应随时间、温度、湿度以及电磁场等外界因素的影响而显著变化，其误差应在规定的范围内。

（3）仪表本身消耗的功率越小越好，否则在测小功率时，会使电路工况改变而引起附加误差。

（4）为保证使用安全，仪表应有足够的绝缘水平。

（5）要有良好的读数装置，被测量的值应能直接读出。

（6）使用维护方便、坚固，有一定的机械强度。

（7）便于携带，有较好的耐振能力。

73. 为什么测量大电容量、多元件组合的电力设备绝缘的 $\tan\delta$，对反映局部缺陷并不灵敏？

答：对小电容量电力设备的整体缺陷，$\tan\delta$ 确有较高的检测力，比如纯净的变压器油耐压强度为 250kV/cm；坏的变压器油是 25kV/cm；相差 10 倍。但测量介质损耗因数时，tanδ（好油）＝0.01％，tanδ（坏油）＝10％，要相差 1000 倍。可见介质损耗试验灵敏得多。但是，对于大容量、多元件组合的电力设备，如发电机、变压器、电缆、多油断路器等，实际测量的总体设备介质损耗因数 tanδ 介于各个元件的介质损耗因数的最大值与最小值之间。这样，对于局部的严重缺陷，测量 tanδ 反映并不灵敏，从而有可能使隐患发展为运行故障。

鉴于上述情况，对大容量、多元件组合体的电力设备，测量 tanδ 必须解体试验，才能从各元件的介质损耗因数值的大小上检验其局部缺陷。

74. 为什么电力设备例行试验应在空气相对湿度 80％ 以下进行？

答： 在空气相对湿度较大时进行电力设备例行试验，所测出的数据与实际值相差甚多。造成测量值与实际值差别甚大的主要原因是：①水膜的影响；②电场畸变的影响。当空气相对湿度较大时，绝缘物表面将出现凝露或附着一层水膜，导致表面绝缘电阻大大降低，表面泄漏电流大大增加。另外，凝露和水膜还可能导致导体和绝缘物表面电场发生畸变，电场分布更不均匀，从而产生电晕现象，直接影响测量结果。为准确测量，通常在空气相对湿度为 65％ 以下进行。

75. 为什么用兆欧表测量大容量绝缘良好设备的绝缘电阻时，其数值随时间延长而越来越高？

答： 用兆欧表测量绝缘电阻实际上是给绝缘体上加上一个直流电压，在此电压作用下，绝缘体中产生一个电流。

在绝缘体上加直流电压后，产生的总电流 i 由电导电流、电容电流和吸收电流三部分组成。测量绝缘电阻时，由于兆欧表电压线圈的电压是固定的，而流过兆欧表电流线圈的电流随时间的延长而变小，故兆欧表反映出来的电阻值越来越高；设备容量越大，吸收电流和电容电流越大，绝缘电阻随时间升高的现象就越显著。

76. 为什么要测量电力设备的吸收比？

答：对电容量比较大的电力设备，在用兆欧表测其绝缘电阻时，把绝缘电阻在两个时间下读数的比值称为吸收比。按规定吸收比是指 60s 与 15s 绝缘电阻读数的比值。

测量吸收比可以判断电力设备的绝缘是否受潮，这是因为绝缘材料干燥时，泄漏电流成分很小，绝缘电阻由充电电流所决定。在摇到 15s 时，充电电流仍比较大，于是这时的绝缘电阻 R''_{15} 就比较小；摇到 60s 时，根据绝缘材料的吸收特性，这时的充电电流已经衰减，绝缘电阻 R''_{60} 就比较大，所以吸收比就比较大。而绝缘受潮时，泄漏电流分量就大大地增加，随变化的充电电流影响就比较小，这时泄漏电流和摇的时间关系不明显，这样 R''_{15} 和 R''_{60} 就很接近。因此通过所测得的吸收比的数值，可以初步判断电力设备的绝缘受潮。

77. 对电力设备进行绝缘强度试验有什么重要意义？

答：电力设备在正常的运行过程中，不仅要承受额定电压的长期作用，还要耐受各种过电压（如工频过电压、雷电过电压、操作过电压）。为了考核设备承受过电压的能力，人为模拟各种过电压，对设备的绝缘进行试验以检验其承受能力，这就是所谓绝缘强度试验，也称耐压试验。

78. 在电场干扰下测量电力设备绝缘的 tanδ，其干扰电流是怎样形成的？

答：在现场例行试验中，往往是部分被试设备停电，而其他高压设备和母线则带电。因此停电设备与带电母线（设备）之间存在耦合电容，如果被试设备通过测量线路接地，那么沿着它们之间的耦合电容电流便通过测量回路。若把被试设备以外的所有测量线路都屏蔽起来，这时从外部通过被试设备在测量线路中流过的所有电流之和称为干扰电流。因此，干扰电流是沿着干扰元件与测量线路相连接的试品间的部分电容电流的总和。

干扰电流的大小及相位取决于干扰源和被试设备之间的耦合电容，以及干扰源上电压的高低和相位。干扰电流实际上在大多数情况下是由一个最靠近被试设备的干扰元件（例如一带电母线或邻近带电设备）所产生的，但也必须计及所有干扰元件的影响。因为总干扰电流是由各个干扰源的各自干扰电流所组成，而次要干扰元件能使通过被试设备的干扰电流有不同的数值和相位。由此可知，干扰电流是一个相量，它有大小和方向，当被试设备确定和运行方式不变的情况下，干扰电流的大小和方向即可视为不变。

79. 为什么用 QS1 型西林电桥测量小电容试品介质损耗因数时，最好采用正接线？

答：按正接线测量一次对二次或一次对二次及外壳（垫绝缘）的介质损耗因数，测量结果是实际被试品一次对二次及外壳绝缘的介质损耗因数。而一次与顶部周围接地部分之间的电容和介质损耗因数均被屏蔽掉（电桥正接线测量时，接地点是电桥的屏蔽点）。为了在现场测试方便，可直接测量一次对二次的绝缘介质损耗因数，便可以灵敏地发现其进水受潮等绝缘缺陷，而按反接线测量的是一次对二次及地的介质损耗因数值。由于试品本身电容小，而一次与顶部对周围接地部分之间的电容所占的比例相对就比较大，也就对测量结果（反接线测量的综合介质损耗因数）有较大的影响。

80. 用双臂电桥测量电阻时，为什么按下测量电源按钮的时间不能太长？

答：双臂电桥的主要特点是可以排除接触电阻对测量结果的影响，常用于对小阻值电阻的精确测量。正因为被测电阻的阻值较小，双臂电桥必须对被测电阻通以足够大的电流，才能获得较高的灵敏度，以保证测量精度。所以，在被测电阻通电截面较小的情况下，电流密度就较大，如果通电时间过长就会因被测电阻发热而使其电阻值变化，影响测量准确性。另外，长时间通以大电流还会使桥体的接点烧结而产生一层氧化膜，影响正常测量。在测量前应对被测电阻的阻值有一估计范围，这样可缩短按下测量电源按钮的时间。

81. 为什么说测量电气设备的介质损耗因数 tanδ，对判断设备绝缘的优劣状况具有重要意义？

答：在绝缘受潮和有缺陷时，泄漏电流增加，在绝缘中有大量气泡、杂质和受潮的情况，将使夹层极化加剧，极化损耗增加。这样，介质损耗角正切 tanδ 的大小就直接与绝缘的好坏状况有关。同时，介质损耗引起绝缘内部发热，温度升高，促使泄漏电流增大，有损极化加剧，介质损耗增大使绝缘内部更热，如此循环，可能在绝缘弱的地方引起击穿，故介质损耗值既反映了绝缘本身的状态，又可反映绝缘由良好状况向劣化状况转化的过程。同时介质损耗本身就是导致绝缘老化和损坏的一个因素。

82. 在固体绝缘、液体绝缘以及液固组合绝缘上施加交流或直流电压进行局部放电测量时，两者的局部放电现象主要有哪些差别？

答：（1）直流电压下局部放电的脉冲重复率比交流电压下局部放电的脉冲重复率可能低很多。这是因为直流电压下单脉冲的时间间隔是由与绝缘材料特性有关的电气时间常数所决定的，而交流电压下，单个脉冲的时间间隔是由外施电压的频率所决定的。

（2）因绝缘材料内部的电压分布不同而引起的局部放电现象不同。直流电压下绝缘材料内部电压分布是由电阻率决定的，而交流电压下则基本是由介电常数决定。

（3）当电压变化时，例如电压升高或降低，都将有电荷的再分配过程。这个过程在交流电压下和直流电压下是不同的，同时，直流电压的脉动以及温度参量变化，都可能对直流局部放电有显著的影响。

（4）交流电压下局部放电的视在放电量、脉冲重复率等基本量，对直流电压下的局部放电来说，也是适用的。但是，用以表征交流电压下放电量和放电次数综合效应的那些累积量表达式，不适用于直流电压下的局部放电。

（5）直流电压下要确定局部放电起始电压和熄灭电压是困难的，因为它们与绝缘内部的电压分布有关，后者是变化无常的，而交流则相对容易些。

83. 测绝缘电阻过程中为什么不应用布或手擦拭兆欧表的表面玻璃？

答：用布或手擦拭兆欧表的表面玻璃，会因摩擦产生静电荷，影响测量结果，所以测试过程中不应擦拭兆欧表的表面玻璃。

84. 工频耐压试验其电压在低压测量为什么产生较大误差，怎样测量才算正确？

答：一般在其额定容量 30％ 以下可用低压换算方法。否则由于被试品的负荷电流是容性，试验变压器内相阻抗又较大，因此负载电压 U_c 为 $U_c = U - U_x$，这样按变压比计算所得的高压侧电压值则小于实际试品电压。也就是若不在高压侧测量则产生过压，只有在高压侧测量才是正确的。

85. 泄漏电流试验时，在同一电压作用下，为什么加压瞬间泄漏电流较大而 1min 后泄漏电流会减少？

答：高压设备中，常用复合介质的绝缘，介质层间夹有油层，称为夹层介质。用直流电压测量泄漏电流时，产生夹层极化，从电源吸收一部分电荷，形成吸收电流，存在时间可达 1min 或数分钟。在加压瞬间，泄漏电流包括吸收电流，故电流较大，1min 后吸收电流衰减完毕，只有泄漏电流，故测得电流减小。因此泄漏电流试验时，要加压 1min 待微安表指示稳定后再读取泄漏电流数值。

86. 单臂电桥和双臂电桥的应用范围是什么？

答：单臂电桥即惠斯顿电桥一般测量 10Ω 以上的电阻；双

臂电桥即凯尔文电桥适合于测量小电阻，100Ω 以下直至 $1\mu\Omega$。

87. 工频耐压试验时，为什么要在高压出线端串接保护电阻？

答：被试品耐压试验过程中突然击穿或放电时，试验变压器中不仅流过短路电流，并且由于绕组内部发生电磁振荡产生过电压，危及匝、层间绝缘，所以，要在试验变压器高压出线端串联一个保护电阻。

88. 0.1Hz 超低频试验法有何优点？

答：（1）可以等价工频交流试验。

（2）大大减轻游离放电。

（3）试验设备的容量是工频的 $1/500$。

89. 为什么沿绝缘子和空气的交界面上的闪络电压比单纯空气间隙的放电电压低？

答：这是因为绝缘子表面吸收潮气而形成水膜，水具有导电离子，离子将在电场中沿绝缘子表面运动，逐渐在电极附近汇聚电荷，使电极附近电场加强，两极附近的空气将首先放电，从而引起整个沿面闪络，致使放电电压降低。另外，固体介质的表面电阻分布不均匀，表面有损伤或毛刺也会引起沿介质表面的电场分布不均匀或固体介质与电极接触不良，气隙中的气体发生放电情况，也会造成沿面闪络电压降低，由于这些因素，使沿绝缘子表面的闪络电压常常比没有固体绝缘时空气间隙的放电电压低。

90. 电气法测量局部放电的原理是什么？

答：介质内局部电容支路在外电压作用下发生放电，部分电荷中和，因此与完好部分的电容支路实行电荷重新分配，导致外电路电压降低。放电终止后重新充电，外电压再恢复，如果此电压脉冲状态变化检出，即是局放测量。

91. 串联谐振法进行工频耐压的原理和优点是什么？

答：在大电容量试品工频耐压试验时，以可调电感 L 与试品电容 C 串联，以达到串联谐振。由于回路电流很大，可在试品上形成所需高电压，从而达到不用大型试验电源进行耐压的目的。串联谐振耐压方法的优点是波形无畸变。试品放电时失调不会形成大的短路电流，不会造成试验设备过压。

92. 如何进行设备绝缘试验的综合判断？

答：对设备做绝缘试验后其结果是否合格，能否投入运行，做出正确判断的方法就是综合判断。即不能单纯依据这一次试验数据得出结论，而是要与相同类型设备、相同试验条件的试验结果进行比较，另外与该设备的历次试验结果比较，再与规程规定的数据比较，依据设备运行的情况，综合全面情况做出判断，这就是综合判断。

93. 绝缘例行试验为什么要进行多个项目试验，然后进行综合分析判断？

答：目前绝缘例行试验的各种方法很难根据某一项试验结果就得出结论。另外，设备的绝缘运行在不同条件下时，缺陷的发展趋势也有差异。因此应根据多个项目试验结果并结合运行情况、历史试验数据等做综合分析，才能对绝缘情况及缺陷性质得出较科学的结论。

94. 对电气设备做耐压试验时，交流耐压试验与直流耐压试验能否互相代替？为什么？

答：因为交直流电压在电气设备中的分布是不一样的，做直流耐压试验时，直流电压在绝缘中的分布同绝缘的电阻成正比，而做交流耐压试验时，交流电压与同绝缘电阻并存的分布电容成反比。所以交直流耐压试验不能互相代替。但是交流试验更接近于设备在运行中承受过电压的实际情况。

95. 高电压试验对试品布置及试验条件如何规定？

答：（1）试品应完整装上对绝缘有影响的所有部件，并按照规定的工艺处理。

（2）设备或部件试验时，其电场应尽可能和运行情况相似，试品与接地体或邻近物体的距离，一般应不小于试品高压部分与接地部分间最小空气距离的 1.5 倍。

（3）试验时，试品应干燥、清洁，试验环境温度不应低于 5℃，试品温度达到环境温度后方可进行试验。

96. 测定介质损耗角正切值时消除外界电场干扰有哪些方法？

答：（1）将外界电场干扰电源停电。

（2）被试设备用接地金属屏蔽。

（3）试验电源倒极性。

（4）试验电源移相。

97. 对电气设备做工频耐压试验，试验电压较高（220kV 及以上）时，在被试设备周围堆放的设备的金属外壳都要用接地线环绕后接地，但被试设备通过 220kV 电压正常运行时，堆放在周围的设备却不用接地，为什么？

答：对设备进行工频耐压时，因是施加单相工频电压，故使连线及试品都有交变的泄漏电流流入大地。当电压升高时，在导线或试品周围都将产生很强的交变磁场而使试品周围放置的设备的金属外壳产生感应电势，人若触及外壳就有触电的危险，为避免这种情况，用接地软线环绕设备后接地。当被试品设备通过 220kV 三相交流电运行时，若三相对称，对外交链磁链之和接近于 0，则周围设备外壳上感应电势也很微弱，故一般不接地。

98. 工频耐压试验时的电压为什么要从 0 升起，试验完毕又应将电压降到 0 后再切断电源？

答：工频耐压试验时，电压若不是由 0 逐渐升压，而是在试验变压器初级线圈上突然加压，这时将由于励磁涌流而在被试品上出现过电压。若在试验过程中突然将电源切断，对于小电容量试品，会由于自感电势而引起过电压。因此对试品做工频耐压试验时，必须通过调压器逐渐升压或降压。

99. 高压试验人员在加压前、加压中和加压后应做哪些检查工作？

答： 高压试验应填写第一种工作票。开始试验前，试验负责人应对全体试验人员详细布置试验中的安全注意事项。试验现场应装设遮栏或围栏，向外悬挂"止步，高压危险"的标示牌，并派人看守，加压前必须认真检查试验接线、表计倍率、量程、调压器零位及仪表的开始状态，均正确后通知有关人员离开被试设备并取得试验负责人许可，方可加压。加压过程中应有监护并呼唱，试验人员在全部加压过程中应精力集中，不得与他人闲谈，随时警戒异常现象发生，操作人应站在绝缘垫上。试验结束时，试验人员应拆除自装的接地短路线，并对被试设备进行检查和清理现场。

100. 为什么只有电压高到一定数值时，绝缘介质的 tanδ 才急剧增加？这对电气试验有何实用意义？

答： 当电压升高到某数值时，绝缘介质中夹杂的气泡和杂质在这个电压下开始游离，于是急剧产生附加损耗。这种现象可用于电机绝缘试验中，可测定高压时的 tanδ 来发现气隙或老化成分等缺陷。

101. 为什么介质受潮后吸收现象严重，吸收比接近 1？

答： 受潮绝缘介质的吸收现象主要是在电源电场作用下形成夹层极化电荷，此电荷的建立即形成吸收电流，由于水是强极性介质，又具有高电导而很快过渡为稳定的泄漏电流，即在 5s 内完成吸收，故受潮介质吸收严重，吸收比接近 1。

102. 做例行试验时，为何要记录测试时的大气条件？

答： 在例行试验中，许多测试项目是与湿度、温度、气压等大气条件有关的。例如绝缘电阻一般随温度上升而减小，泄漏电流随温度上升而增大等，为了对设备绝缘状况做出准确的判断，就应对不同测试条件下的结果进行综合分析，所以在测试时要记录大气条件。

103. 为什么做泄漏电流试验时升压速度不宜太快？

答：电介质在直流电压作用下的总电流可分为电容电流、吸收电流和漏导电流三部分。其中漏导电流分量既然不会随时间而衰减，也就不会随升压速度的快慢而变化；电容电流分量因瞬间即逝，也不会与升压速度的快慢有关；主要是吸收电流分量与升压速度有关。如果升压速度慢一些，则升压过程中有较长的吸收时间，因而吸收电流衰减为零的时间也较充分。这样按规定读取 1min 后的电流值比较真实。反之若升压很快，其效果相当于电源电压的频率增加，偶极子转向受阻大，因而吸收电流衰减的时间也较长，1min 后测得的电流将是吸收电流分量与泄漏电流分量之和，所以将会比真实的泄漏电流值大一些。尤其是对电容量较大的电气设备，电介质的吸收现象更明显，升压太快时读数误差更大。为此做泄漏电流试验时升压速度不宜太快。

104. 为什么在耐压试验中强调要在被试品两端直接测量高电压值？

答：在工频耐压试验中，对电容量较大的变压器、电机、电容器或电缆，容易产生容升效应、谐振现象或波形畸变，从而引起被试品两端电压升高。如果仅靠在低压侧观察仪表的读数乘以变比间接测量，就不能准确地了解被试品两端的电压，易使设备绝缘被击穿。例如，对电缆做交流耐压试验中，当电缆充电容量接近于变压器容量时，其电压可升高 25% 左右，因此在耐压试验中强调要在被试品的两端直接测量高压值，并加装有关保护装置。

105. 为什么用静电电压表定相可防止串联谐振过电压？

答：在定相过程中，若使用电压互感器，电压互感器的激磁电感就有可能与系统中对地电容形成一个串联谐振电路，在条件满足时就会导致产生谐振过电压。但使用静电电压表定相时，因静电电压表两极间为电容，上述那种 L-C 串联谐振电路就不存在了，那么也就不会产生谐振过电压。

106. 为什么交、直流耐压试验及泄漏电流试验中要选用体积较大、使用不甚方便的水电阻作为保护电阻？

答：因为容性负载（或滤波电容器）经过加压后，电容被充电，被试品两端的电压仍然很高（甚至接近试验电压），如果用导线直接短路放电，在刚接触的瞬间会产生很大的电流，并出现很大的火花和响声，对试品的绝缘、高压硅堆的击穿、试验人员的安全都造成很大危险，因此须采用限流电阻放电。这个限流电阻的大小一般由试验设备容量决定，采用 $5\sim10\Omega/V$。这样高阻值、高容量的电阻不容易找到和制作，所以一般多采用水电阻。具有 1kcal 左右热容量的水阻管价格也很低廉。另外水电阻具有足够的长度，也有利于防止发生沿面闪络。

107. 为什么直流耐压试验比交流耐压试验的试验电压高、加压时间长？

答：耐压试验的目的是考验被试品绝缘承受各种过电压能力，希望通过它能发现设备绝缘中的严重缺陷，而又不致产生过大的累积损坏效应。由于直流耐压试验时介质内部损耗小，绝缘内部的放电不易发展，所以一般总采用好几倍的额定电压，试验时间也加长为 $5\sim10min$ 甚至更长。

108. 为什么湿度增加，不均匀电场中气体间隙的击穿电压 U_j 增加？

答：当湿度增加即空气中水蒸气的含量增加时，水分子容易吸收电子成为负离子，则间隙中的电子数因此而减少，所以游离减弱，也就不容易发展电子崩和流柱，使击穿增加困难，即击穿电压增加。对于均匀电场，放电的形成时延短，平均场强又较大，电子运动速度较大，不容易被水分子俘获，所以均匀电场受湿度变化的影响很小。对于极不均匀电场，放电的形成时延较长，平均场强较小，电子速度较小，易被水分子吸收，所以在不均匀电场中湿度的变化对击穿电压影响较大。

109. 直流泄漏试验中应注意什么？

答：（1）试验必须在履行安全工作规程所要求的一切手续后进行。

（2）试验前先进行试验设备的空升试验，测出试具及引线的泄漏电流，并记录下来，确定设备无问题后，将被试品接入试验回路进行试验。

（3）试验时电压逐段上升，并相应的读取泄漏电流值，每升压一次，待微安表指示稳定后（即加上电压1min）读取相应的泄漏电流，画出伏安特性曲线。

（4）试验前应检查接线、仪表量程、调压器零位，试验后先将调压器退回零位，再切断电源，将被试品接地放电。

（5）记录试验温度，并将泄漏电流换算到同一温度下进行比较。

110. 当设备的额定电压与实际使用的额定电压不同时，如何确定试验电压？

答：（1）当采用额定电压较高的设备以加强绝缘时，应按照设备的额定电压确定其试验电压。

（2）当采用额定电压较高的设备作为代用时，应按照实际使用的额定电压确定其试验电压。

111. 什么是高压介质损耗测试仪？

答：高压介质损耗测试仪简称介损仪，是指采用高压电容电桥的原理，应用数字测量技术，对介质损耗因数和电容量进行自动测量的一种新型仪器。

112. 什么是高压介质损耗测试仪正接线方式？

答：高压介质损耗测试仪正接线方式是一种用于测量不接地试品的方法，测量时介损仪测量回路处于地电位。

113. 什么是高压介质损耗测试仪反接线方式？

答：高压介质损耗测试仪反接线方式是一种用于测量接地试

品的方法，测量时介损仪测量回路处于高电位。

114. 什么是直流高压发生器直流高压电压漂移？

答：直流高压电压漂移是指直流高压发生器在输入电源电压不变的条件下，直流高压发生器接阻性负载，输出额定电压时，在一定的时间范围内直流高压发生器输出电压的漂移值。

115. 直流高压发生器高压侧电流测量装置的要求是什么？

答：直流高压发生器的高压侧电流测量装置应具有抗电磁干扰影响的措施和能力。高压侧电流测量装置自身应具有保护功能，且测量不确定度应不大于 0.5%。

116. 什么是停电例行试验？

答：为获取设备状态量，评估设备状态，及时发现事故隐患，定期进行各种带电检测和停电试验，需要设备退出运行才能进行的例行试验称为停电例行试验。

117. 常规停电例行试验有哪些不足？

答：（1）试验时需要停电。目前，我国电力供应还比较紧张，即使是计划性停电，也会给生产带来一定的影响。在某些情况下，当由于系统运行的要求设备无法停运时，往往造成漏试或超周期试验，难以及时诊断出绝缘缺陷。另外，停电后设备温度降低，测试结果有时不能反映真实情况。

（2）试验时间集中、工作量大。我国的绝缘例行试验往往集中在春季，由于要在很短的时间（通常为 3 个月左右）内，对数百甚至数千台设备进行试验，一则劳动强度大，二则难以对每台设备都进行十分仔细的诊断，对可疑的数据未能及时进行反复研究和综合判断，容易酿成事故。

（3）试验电压低、诊断的有效性值得研究。变电设备在线电压下运行，而传统诊断方法的试验电压一般在 10kV 及以下，即试验电压远低于工作电压。由于试验电压低，不易发现缺陷，所以曾多次发生例行试验合格后的设备烧坏或爆炸情况。

118. 为什么电力设备绝缘带电测试要比停电例行试验更能提高检测的有效性？

答：停电例行试验一般仅进行非破坏性试验，其试验电压一般小于 10kV。带电测试则是在运行电压下，采用专用仪器测试电力设备的绝缘参数，它能真实地反映电力设备在运行条件下的绝缘状况，由于试验电压通常远高于 10kV，因此有利于检测出内部绝缘缺陷。另一方面带电测试可以不受停电时间限制，随时可以进行，也可以实现微机监控的自动检测，在相同温度和相似运行状态下进行测试，其测试结果便于相互比较，并且可以测得较多的带电测试数据，从而对设备绝缘可靠地进行统计分析，有效地保证电力设备的安全运行。因此带电测试与停电例行试验比较，更能提高检测的有效性。

119. 为什么要研究不拆高压引线进行例行试验？当前应解决什么难题？

答：电力设备的电压等级越高，其器身也越高，引接线面积越大，感应电压也越高，拆除高压引线需要用升降车、吊车，工作量大，拆接时间长，耗资大，且对人身及设备安全均构成一定威胁。为提高试验工作效率，节省人力、物力，减少停电时间，当前需要研究不拆高压引线进行例行试验的方法。必须解决以下难题：

（1）与被试设备相连的其他设备均能耐受施加的试验电压。

（2）被试设备在有其他设备并联的情况下，测量精度不受影响。

（3）抗强电场干扰的试验接线。

120. 什么情形下，设备需提前或尽快安排停电例行试验？

答：（1）巡检中发现有异常，此异常可能是重大质量隐患所致。

（2）带电测试时，显示设备状态不良。

（3）以往例行试验有朝注意值或警示值方向发展的明显趋

势，或者接近注意值或警示值。

（4）存在重大家族缺陷。

（5）经受了较为严重的不良工况，不进行试验无法确定其是否对设备状态实质性损害。

121. 什么情形下，设备可延迟停电例行试验？

答： 符合以下条件的设备，停电试验可在正常周期基础上最多延期 1 个年度：

（1）巡检中未见可能危及该设备安全运行任何异常。

（2）带电测试显示设备状态良好。

（3）上次例行试验与前次例行试验试验结果相比无明显变化。

（4）没有任何可能危及设备安全运行的家族缺陷。

（5）上次例行试验以来，没有经受严重不良工况。

第十章 停电例行试验

第一节 变压器类试验

1. 试验规程中规定测量变压器线圈连同套管一起的介质损失角 tanδ，为什么还要单独测量套管的 tanδ？

答： 高压大型电力变压器一线圈对其他线圈及地的电容量一般为几万微法。而与其并联的套管电容量却只为几百微法。据介质损测量理论可知，并联绝缘体的介损主要反映电容量较大部分的绝缘状况。因此测量线圈连同套管一起的介损时，由于套管电容量相对很小，尽管套管 tanδ 很大，也不致使测量结果有较明显增大。然而运行中套管内电场强度较大且易进水受潮，因此绝缘事故较多。为监测套管绝缘状况，保证其安全运行，还应单独测量套管的 tanδ 值。

2. 对变压器进行联接组别试验有何意义？

答： 变压器联接组别必须相同，是并联运行的重要条件之一。若参加并联运行的变压器联接组别不一致，将出现不能允许的环流。因此在出厂、交接和绕组大修后都应测量绕组的联结组别。

3. 如何对幅频响应特性曲线低频段进行绕组变形分析？

答： 幅频响应特性曲线低频段（1～100kHz）的波峰或波谷位置发生明显变化，通常预示着绕组的电感改变，可能存在匝间或饼间短路的情况。频率较低时，绕组的对地电容及饼间电容所形成的容抗较大，而感抗较小，如果绕组的电感发生变化，会导致其频响特性曲线低频部分的波峰或波谷位置发生明显移动。对于绝大多数变压器，其三相绕组低频段的响应特性曲线应非常相似，如果存在差异则应及时查明原因。

4. 如何对幅频响应特性曲线中频段进行绕组变形分析？

答：幅频响应特性曲线中频段（$100\sim600$kHz）的波峰或波谷位置发生明显变化，通常预示着绕组发生扭曲和鼓包等局部变形现象。在该频率范围内的幅频响应特性曲线具有较多的波峰和波谷，能够灵敏地反映出绕组分布电感、电容的变化。

5. 如何对幅频响应特性曲线高频段进行绕组变形分析？

答：幅频响应特性曲线高频段（>600kHz）的波峰或波谷位置发生明显变化，通常预示着绕组的对地电容改变，可能存在绕圈整体位移或引线位移等情况。频率较高时，绕组的感抗较大，容抗较小，由于绕组的饼间电容远大于对地电容，波峰和波谷分布位置主要以对地电容的影响为主。

6. 油浸式变压器中绝缘油的作用是什么？

答：油浸式变压器中绝缘油的作用是绝缘和散热。

7. 变压器感应耐压试验的作用是什么？

答：变压器感应耐压试验是考核变压器的（D）强度、主绝缘和纵绝缘。

8. 在电力系统中为什么需要变压器进行变压？

答：因为要将一定数量的大功率的电能输送到远方用户时，如果用较低的电压，则电流将很大，而线路的功率损耗与电流的平方成正比，从而将造成巨大的能量损失。另一方面，大电流在线路上引起很大的电压损失，使得用户无法得到足够的电压，因此必须用升压变压器把要输送电能的电压升高，以减小电流。另外，用电设备的电压相对来说较低，因此电能送到受电端后，还必须用降压变压器将电压降低到用户所需要的数值。

9. 变压器空载试验为什么最好在额定电压下进行？

答：变压器的空载试验是用来测量空载损耗的。空载损耗主要是铁耗。铁耗的大小可以认为与负载的大小无关，即空载时的损耗等于负载时的铁损耗，但这是指额定电压时的情况。如果电压偏离额定值，由于变压器铁芯中的磁感应强度处在磁化曲线的饱和段，空载损耗和空载电流都会急剧变化，所以空载试验应在额定电压下进行。

10. 变压器负载损耗试验为什么最好在额定电流下进行？

答：变压器负载损耗试验的目的主要是测量变压器负载损耗和阻抗电压。变压器负载损耗的大小和流过绕组的电流的平方成正比，如果流过绕组的电流不是额定电流，那么测得的损耗将会有较大误差。

11. 什么叫变压器的接线组别，测量变压器的接线组别有何要求？

答：变压器的接线组别是变压器的一次和二次电压（或电流）的相位差，它按照一、二次线圈的绕向，首尾端标号，连接的方式而定，并以时钟针形式排列为 0~11 共 12 个组别。

通常采用直流法测量变压器的接线组别，主要是核对铭牌所标示的接线组别与实测结果是否相符，以便在两台变压器并列运行时符合并列运行的条件。

12. 变压器绕组绝缘损坏的原因有哪些？

答：（1）线路短路故障和负荷的急剧多变，使变压器的电流超过额定电流的几倍或十几倍以上，这时绕组受到很大的电动力而发生位移或变形；另外，由于电流的急剧增大，将使绕组温度迅速升高，导致绝缘损坏。

（2）变压器长时间过负荷运行，绕组产生高温，将绝缘烧焦，并可能损坏脱落，造成匝间或层间短路。

（3）绕组绝缘受潮，这是因绕组浸漆不透，绝缘油中含水分所致。

（4）绕组接头及分接开关接触不良，在带负荷运行时，接头发热损坏附近的局部绝缘，造成匝间及层间短路。

（5）变压器的停送电操作或遇到雷电时，绕组绝缘因过电压而损坏。

13. 测量变压器局部放电有何意义？

答：许多变压器的损坏，不仅是由于大气过电压和操作过电压作用的结果，也是由于多次短路冲击的积累效应和长期工频电压下局部放电造成的。绝缘介质的局部放电虽然放电能量小，但由于它长时间存在，对绝缘材料产生破坏作用，最终会导致绝缘击穿。为了能使110kV及以上电压等级的变压器安全运行，进行局部放电试验是必要的。

14. 在大型电力变压器现场局部放电试验和感应耐压试验为什么要采用倍频试验电源？

答：变压器现场局部放电试验和感应耐压试验的电压值一般都大大超过变压器的U_n，将大于U_n的50Hz电压加在变压器上时，变压器铁芯处于严重过饱和状态，励磁电流非常大，不但被试变压器承受不了，也不可能准备非常大容量的试验电源来进行现场试验。变压器的感应电动势$E = 4.44WfBS$，当$f = 50nHz$时，E上升到nE，B仍不变。因此，采用n倍频试验电源时，可将试验电压上升到n倍，而流过变压器的试验电流仍较小，试验电源容量不大就可以满足要求。故局部放电试验和感应耐压试验要采用倍频试验电源。

15. 测量变压器直流电阻时应注意什么？

答：（1）测量仪表的准确度应不低于0.5级。

（2）连接导线应有足够的截面，且接触必须良好。

（3）准确测量绕组的温度或变压器顶层油温度。

（4）无法测定绕组或油温度时，测量结果只能按三相是否平衡进行比较判断，绝对值只作参考。

（5）为了与出厂及历次测量的数值比较，应测量不同温度下的直流电阻。

（6）测量绕组的直流电阻时，应采取措施，在测量前后对绕组充分放电，防止直流电源投入或断开时产生高压，危及人身及设备安全。

16. 变压器做交流耐压试验时，非被试绕组为何要接地？

答： 在做交流耐压试验时，非被试绕组处于被试绕组的电场中，如不接地，其对地的电位，由于感应可能达到不能允许的数值，且有可能超过试验电压，所以非被试绕组必须接地。

17. 变压器直流电阻三相不平衡系数偏大的常见原因有哪些？

答：（1）分接开关接触不良，这主要是由分接开关内部不清洁，电镀层脱落，弹簧压力不够等原因造成。

（2）变压器套管的导电杆与引线接触不良，螺丝松动等。

（3）焊接不良，由于引线和绕组焊接处接触不良造成电阻偏大；多股并绕绕组，其中有几股线没有焊上或脱焊，此时电阻可能偏大。

（4）三角形接线一相断线。

（5）变压器绕组局部匝间、层间、段间短路或断线。

18. 当变压器施以加倍额定电压进行层间耐压试验时，为什么频率也应同时加倍？

答： 变压器在进行层间耐压试验时，如果仅将额定电压加倍，而频率维持不变，那么铁芯中的磁通密度将增加 1 倍。这是因为电压与频率、磁通之间的关系是由公式 $E = 4.44 f \omega \varphi$ 决定的，因此铁芯将过分饱和，绕组将励磁电流过大。假如电压和频率同时都增加 1 倍，磁通就可以维持不变了。

19. 大修时，变压器铁芯的检测项目有哪些？

答：（1）将铁芯和夹件的接地片断开，测试铁芯对上、下夹件（支架），方铁和底脚的绝缘电阻是否合格。

（2）将绕组钢压板与上夹件的接地片拆开，测试每个压板对压钉的绝缘电阻是否合格。

（3）测试穿芯螺杆或绑扎钢带对铁芯和夹件的绝缘电阻是否合格（可用 1000V 及以下兆欧表测量）。

（4）检查绕组引出线与铁芯的距离。

20. 变压器空载试验电源的容量一般是怎样考虑的？

答：为了保证电源波形失真度不超过 5%，试品的空载容量应在电源容量的 50% 以下；采用调压器加压试验时，空载容量应小于调压器容量的 50%；采用发电机组试验时，空载容量应小于发电机容量的 25%。

21. 变压器在运行中产生气泡的原因有哪些？

答：（1）固体绝缘浸渍过程不完善，残留气泡。

（2）油在高电压作用下析出气体。

（3）局部过热引起绝缘材料分解产生气体。

（4）油中杂质水分在高电场作用下电解。

（5）密封不严、潮气反透、温度骤变、油中气体析出。

（6）局部放电会使油和纸绝缘分解出气体，产生新的气泡。

（7）变压器抽真空时，真空度达不到要求，保持时间不够；或者是抽真空时散热器阀门未打开，散热器中空气未抽尽。真空注油后，油中残留气体仍会形成气泡。

22. 用双电压表法测量变压器绕组连接组别应注意什么？

答：（1）三相试验电压应基本上平衡（不平衡度不应超过 2%），否则测量误差过大，甚至造成无法判断绕组连接组别。

（2）试验中所采用电压表要有足够的准确度，一般不应低于 0.5 级。

23. 通过空载特性试验，可发现变压器的哪些缺陷？

答：（1）硅钢片间绝缘不良。

（2）铁芯极间、片间局部短路烧损。

（3）穿芯螺栓或绑扎钢带、压板、上轭铁等的绝缘部分损坏，形成短路。

（4）磁路中硅钢片松动、错位、气隙太大。

（5）铁芯多点接地。

（6）线圈有匝、层间短路或并联支路匝数不等，安匝不平衡等。

（7）误用了高耗劣质硅钢片或设计计算有误。

24. 通过负载特性试验，可发现变压器的哪些缺陷？

答：（1）变压器各金属结构件（如电容环、压板、夹件等）或油箱箱壁中，由于漏磁通所致的附加损耗过大。

（2）油箱盖或套管法兰等的涡流损耗过大。

（3）其他附加损耗的增加。

（4）绕组的并绕导线有短路或错位。

25. 电力变压器做负载试验时，为什么多数从高压侧加电压？

答：负载试验是测量额定电流下的负载损耗和阻抗电压，试验时，低压侧短路，高压侧加电压，试验电流为高压侧额定电流，试验电流较小，现场容易做到，故负载试验一般都从高压侧加电压。

26. 电力变压器做空载试验时，为什么多数从低压侧加电压？

答：空载试验是测量额定电压下的空载损耗和空载电流，试验时，高压侧开路，低压侧加压，试验电压是低压侧的额定电压，试验电压低，试验电流为额定电流百分之几或千分之几时，现场容易进行测量，故空载试验一般都从低压侧加电压。

27. 为什么变压器空载试验能发现铁芯的缺陷？

答：空载损耗基本上是铁芯的磁滞损耗和涡流损失之和，仅有很小一部分是空载电流流过线圈形成的电阻损耗。因此空载损耗的增加主要反映铁芯部分的缺陷。如硅钢片间的绝缘漆质量不良、漆膜劣化造成硅钢片间短路，可能使空载损耗增大 $10\%\sim15\%$；穿芯螺栓、轭铁梁等部分的绝缘损坏，都会使铁芯涡流增大，引起局部发热，也使总的空载损耗增加。另外制造过程中选用了比设计值厚的或质量差的硅钢片以及铁芯磁路对接部位缝隙过大，也会使空载损耗增大。因此测得的损失情况可反映铁芯的缺陷。

28．对变压器进行感应耐压试验的目的是什么？

答：（1）试验全绝缘变压器的纵绝缘。

（2）试验分级绝缘变压器的部分主绝缘和纵绝缘。

29．变压器正式投入运行前做冲击合闸试验的目的是什么？

答：（1）带电投入空载变压器时，会产生励磁涌流，其值可超过额定电流，且衰减时间较长，甚至可达几十秒。由于励磁涌流产生很大的电动力，为了考核变压器各部的机械强度，需做冲击合闸试验，即在额定电压下合闸若干次。

（2）切空载变压器时，有可能产生操作过电压。对不接地绕组此电压可达 4 倍相电压；对中性点直接接地绕组，此电压仍可达 2 倍相电压。为了考核变压器绝缘强度能否承受须做开断试验，有切就要合，即需多次切合。

（3）由于合闸时可能出现相当大的励磁涌流，为了校核励磁涌流是否会引起继电保护误动作，需做冲击合闸试验若干次。

每次冲击合闸试验后，要检查变压器有无异音异状。一般规定，新变压器投入，冲击合闸 5 次；大修后投入，冲击合闸 3 次。

30．变压器铁芯多点接地的主要原因是什么？

答：统计资料表明，变压器铁芯多点接地故障在变压器总事故中占第三位，主要原因是变压器在现场装配及安装中不慎遗落金属异物，造成多点接地或铁轭与夹件短路、芯柱与夹件相碰等。

31．变压器铁芯多点接地故障的表现特征有哪些？

答：（1）铁芯局部过热，使铁芯损耗增加，甚至烧坏。

（2）过热造成的温升，使变压器油分解，产生的气体溶解于油中，引起变压器油性能下降，油中总烃大大超标。

（3）油中气体不断增加并析出（电弧放电故障时，气体析出量较之更高、更快），可能导致气体继电器动作发信号甚至使变压器跳闸。

32. 怎样检测变压器铁芯多点接地？如何处理？

答：（1）直流法。将铁芯与夹片的连接片打开，在铁轭两侧的电工钢片上通 6V（3V）的直流，然后用直流电压表依次测量各级钢片间的电压，当电压等于零或表针指示反向时，则该处为故障点。

（2）交流法。将变压器低压绕组接入 $220\sim380V$ 低压，此时铁芯中有磁通，则用毫安表测量会出现电流，用毫安表沿铁芯各级逐级测量，当毫安表中电流为零时，则该处为故障点。

在现场比较适用的方法是利用大电容储能充电，然后再向故障铁芯放电的方法，主要借助瞬间强大冲击放电电流通过故障点产生一电动力，将其动态接地故障消除。

33. 大修时对变压器有载调压开关应做哪些试验？

答：（1）拍摄开关切换过程的录波图，检查切换是否完好，符合规定程序。

（2）检查过渡电阻的阻值，偏差一般不应超出设计值的 $\pm10\%$。

（3）检查每一挡位上，从进到出回路的完好性，其回路接触电阻应不大于出厂标准，一般小于 $500\mu\Omega$。

34. 变压器有载调压开关大修后、带电前，应进行哪些检查调试？

答：（1）挡位要一致，远方指示、开关本体（顶盖上）指示、操动机构箱上的指示，必须指示同一挡位。

（2）手摇调整 2 个完整的调压循环，从听到切换声，到看到挡位显示数对中，对摇动的圈数而言，升挡和降挡都是对称的，例如从 6 到 7 挡，从听见切换声到挡位数 7 挡中的手摇圈数，应当与从 7 到 6 挡时的相应圈数完全对称，最多不要超过半圈。

（3）电动调整 2 个完整的调压循环，不应有卡涩、滑挡的现象，调到始端或终端时，闭锁装置能有效制动。

（4）进行油压试验，外观无渗漏，有载调压开关储油柜的油位不得有与变压器储油柜趋平的现象。

35. 怎样对分级绝缘的变压器进行感应耐压试验？

答：对分级绝缘的变压器，只能采用单相感应耐压进行试验。因此，要分析产品结构，比较不同的接线方式，计算出线端相间及对地的试验电压，选用满足试验电压的接线。一般要借助辅助变压器或非被试相绕组支撑，轮换 3 次，才能完成一台变压器的感应耐压试验。非被试的两相线端并联接地，并与被试相串联，使相对地和相间电压均达到试验电压的要求，而非被试的两相，仅为 1/3 试验电压（即中性点电位）。当中性点电位达不到试验电压时，在感应耐压前，应先进行中性点的外施电压试验，其他两相的感应耐压试验可仿此进行。

36. 变压器直流电阻测试标准是如何规定的？

答：（1）1600kVA 以上变压器，各相绕组电阻相互间的差别不应大于三相平均值的 2%，无中性点引出的绕组，线间差别不应大于三相平均值的 1%。

（2）1600kVA 及以下变压器，相间差别一般不大于三相平均值的 4%，线间差别一般不大于三相平均值的 2%。

（3）与以前相同部位测得值（换算到同一温度下）比较其变化不应大于 2%。

37. 怎样根据变压器直流电阻的测量结果对变压器绕组及引线情况进行判断？

答：（1）分接开关接触不良，反映在一两个分接处电阻偏大，而且三相之间不平衡。这主要是分接开关不清洁、电镀层脱落、弹簧压力不够等。固定在箱盖上的分接开关，也可能是在箱盖紧固以后，使开关受力不均造成接触不良。

（2）焊接不良，由于引线和绕组焊接处接触不良，造成电阻偏大；多股并联绕组，其中有一两股没有焊上，这时一般电阻偏大较多。

（3）三角形联结绕组，其中一相断线，测出的三个线端电阻都比设计值相差得多，其关系为 2∶1∶1。

（4）变压器套管的导电杆和绕组连接处，由于接触不良也会引起直流电阻增加。

38. 变压器一次线圈若接在直流电源上，二次线圈会有稳定直流电压吗？为什么？

答：不会。因为接直流电源，稳定的直流电流在铁芯中产生恒定不变的磁通，其变化率为零，不会在绕组中产生感应电动势。

39. 变电站装设限流电抗器的主要目的是什么？

答：当线路或母线发生故障时，使短路电流限制在断路器允许的开断范围内，通常要限制在 31.5kA 以下，以便选用轻型断路器。

40. 为什么变压器绝缘受潮后电容值随温度升高而增大？

答：水分子是一种极强的偶极子，它能改变变压器中吸收电容电流的大小。在一定频率下，温度较低时，水分子呈现出悬浮状或乳脂状，存在于油中或纸中，此时水分子偶极子不易充分极化，变压器吸收电容电流较小，则变压器电容值较小。温度升高时，分子热运动使黏度降低，水分扩散并显溶解状态分布在油中，油中的水分子被充分极化，使电容电流增大，故变压器电容值增大。

41. 为什么变压器的二次电流变化时，一次电流也随着变化？

答：变压器负载（变压器二次侧接上负载）时，二次侧有了电流 I_2，该电流建立的二次磁动势 $F_2 = I_2 N_2$ 也作用于主磁路上，它会使主磁通 Φ 发生改变，电动势 E_1 也随之发生改变，从而打破了原来的平衡状态，而在外施电压 U_1 不变的前提下，主磁通 Φ 应不变，因此，由 I_1 建立的一次磁动势和二次磁动势的合成磁动势所产生的主磁通将仍保持原来的值，所以二次电流变化，一次电流也随着变化。

42. 阻抗电压不等的变压器并联运行时会出现什么情况？

答：变压器的阻抗电压，是短路阻抗 $Z_{R75℃}$ 与一次额定电流 I_N 的乘积。变压器带负载以后，在一次电压 U_1 和二次负载的功率因数 $\cos\varphi_2$ 不变情况下，二次电压 U_2 必然随负载电流 I_2 的增大而下降。因变压器阻抗电压大，其外特性向下倾斜较大；变压器阻抗电压较小，其外特性曲线较平。当两台阻抗电压不等的变压器并联运行时，在共同的二次电压 U_2 之下，两台变压器的二次负载电流就不相等。阻抗电压小的变压器分担的电流大，阻抗电压大的变压器分担的电流小。若让阻抗电压大的变压器满载，阻抗电压小的变压器就要过载；若让阻抗电压小的变压器满载，阻抗电压大的变压器就欠载，便不能获得充分利用。

43. 剩磁对变压器哪些试验项目产生影响？

答：（1）测量电压比。目前在测量电压比时工作电压都比较低，施加于一次绕组的电流也比较小，在铁芯中产生的工作磁通很低，有时可能抵消不了剩磁的影响，造成测得的电压比偏差超过允许范围。遇到这种情况可采用双电压表法。在绕组上施加较高的电压，克服剩磁的影响。

（2）测量直流电阻。剩磁会对充电绕组的电感值产生影响，从而使测量时间增长。为减少剩磁的影响，可按一定的顺序进行测量。

（3）空载测量。在一般情况下，铁芯中的剩磁对额定电压下的空载损耗的测量不会带来较大的影响。主要是由于在额定电压下，空载电流所产生的磁通能克服剩磁的作用，使铁芯中的剩磁通随外施空载电流的励磁方向而进入正常的运行状况。但是，在三相五柱的大型产品进行零序阻抗测量后，由于零序磁通可由旁轭构成回路，其零序阻抗都比较大，与正序阻抗近似。在结束零序阻抗试验后，其铁芯中留有少量磁通即剩磁，若此时进行空载测量，在加压的开始阶段三相瓦特表及电流表会出现异常指示。遇到这种情况，施加电压可多持续一段时间，待电流表及瓦特表指示恢复正常再读数。

44. 当前在变压器吸收比的测量中遇到的矛盾是什么？

答：（1）一般工厂新生产的变压器，发现吸收比偏低的，而多数绝缘电阻值却比较高。

（2）运行中有相当数量的变压器，吸收比低于 1.3；但一直运行安全，未曾发生过问题。

45. 为什么大型变压器测量直流泄漏电流容易发现局部缺陷，而测量 tanδ 却不易发现局部缺陷？

答：大型变压器体积较大，绝缘材料有油、纸、棉纱等。其绕组对绕组、绕组对铁芯、套管导电芯对外壳组成多个并联支路。当测量绕组的直流泄漏电流时，能将各个并联支路的直流泄漏电流值反映出来。而测量 tanδ 时，因在并联回路中的 tanδ 是介于各并联分支中的最大值和最小值之间。其值的大小决定于缺陷部分损耗与总电容之比。当局部缺陷的 tanδ 虽已很大时，但与总体电容之比的值仍然很小，总介质损耗因数较小，只有当缺陷面积较大时，总介质损耗因数才增大，所以不易发现缺陷。

46. 为什么要对变压器类设备进行交流感应耐压试验？

答：交流感应耐压试验是考核变压器、电抗器和电压互感器等设备电气强度的一个重要试验项目。以变压器为例，工频交流耐压试验只检查了绕组主绝缘的电气强度，即高压、中压、低压绕组间和对油箱、铁芯等接地部分的绝缘。而纵绝缘，即绕组匝间、层间、段间的绝缘没有检验。交流感应耐压试验就是在变压器的低压侧施加比额定电压高一定倍数的电压，靠变压器自身的电磁感应在高压绕组上得到所需的试验电压来检验变压器的主绝缘和纵绝缘。特别是对中性点分级绝缘的变压器，由于不能采用外施高压进行工频交流耐压试验，其主绝缘和纵绝缘均由感应耐压试验来考核。

47. 变压器类设备进行交流感应耐压试验中获得中频率的电源有几种方法?

答：(1) 中频发电机组。

(2) 绕线式异步电动机反拖取得两倍频的试验电源。

(3) 用三相绕组接成开口三角形取得三倍频试验电源。

(4) 可控硅变频调压逆变电源。

48. 变压器匝间试验为什么采用 150Hz 以上频率进行耐压? 耐电时间怎样计算?

答：变压器是根据电磁感应原理制成的，其感应电势方程式为 $E=4.44fWBS$，在同一变压器中，铁芯截面和匝数是固定的，在相同的磁通密度条件下，提高频率即可提高感应电势，从而达到匝间耐压目的。耐压时间 $t=60\times100/f$（s）。主绝缘耐压时的充电电流（负荷电流）是电容性的，由于试验变压器电压高，一般容量小，在大容量设备耐压时容量经常不能满足，需要用高压补偿。补偿最好是欠补偿，某些情况也可以是过补偿。

49. 大型变压器绕组直流电阻快速测量的基本原理是什么?

答：大型变压器的绕组实际上是个电感线圈，而且电感量极大。测量直流电阻时，相当于大电感的电感线圈合到直流电源上，直流电流的稳定时间极长，有的长达半个小时，以致测量一台变压器要耗费很长时间。快速测量的根本是加快电流达到稳定的时间。

50. 测量大型变压器的直流电阻时，若充电时间过长，有几种快速处理方法? 处理方法要点?

答：(1) 电阻突变法，即在测量回路串联一个附加电阻，测量时再将附加电阻切除，即可使充电时间减少。

（2）采用全压恒流源作为测量电源，因全压恒流源的工作特性能使大电感电阻充电时间大大减少并稳定，所以较为有效。

（3）二次辅助励磁法，即在被测量侧加上一个励磁电源，以加快铁芯的饱和，缩短平衡时间。

51. 有载调压开关在验收时做哪些项目试验？

答：动作顺序的测量、切换时间的测量、限流电阻的测量、接触电阻测量。

52. 变压器新投入或大修后投入运行前应验收哪些项目？

答：（1）本体无缺陷，外表整洁，无严重渗油和油漆脱落现象。

（2）绝缘试验应合格，无遗漏试验项目。

（3）各部油位正常，各阀门开闭位置正确，油的简化试验和绝缘强度试验合格。

（4）外壳应有良好接地，接地电阻应合格。

（5）分接开关位置应符合电网运行要求，有载调压装置、电动手动操作均应正常。

（6）基础固定稳定，轱辘应有可靠的制动装置。

（7）保护、测量信号及控制回路接线正确。

（8）冷却装置运行良好。

（9）呼吸器应装有合格的干燥剂。

（10）防爆筒玻璃应完整。

（11）变压器的坡度应合格。

（12）测温仪表和测温回路完整良好。

53. 为什么大容量的三相三柱式变压器都接成 Y/△？

答：Y 接一侧线圈电压承受较低，节省绝缘材料，中性点可任意抽取，满足保护和用户需要，但是在运行中铁芯处于饱和状态，磁通成平顶波，铁芯中则有相位相同、幅值相等的 3 次谐波磁通，只能通过铁轭、绝缘油到箱壳成回路，这个 150Hz 磁通使铁轭、箱壳等铁件发热，影响出力，3 次谐波磁通所生电势出现在相电压中将危及线圈绝缘，有一侧接成△形，3 次波磁通在△侧，以感应产生的 3 次谐波电流所产生的磁通来抵消原来的 3 次谐波磁通，使铁芯中的主磁通保持正弦。

54. 变压器的铁芯要求接地，而穿芯螺杆不接地，为什么？

答：变压器在运行中铁芯及夹件等金属部件均处在强电场之中，由于静电感应而在铁芯及金属部件上将产生悬浮电压，就会对地放电，这是不允许的，为此铁芯及其夹件等必须正确可靠接地（即与变压器油箱连接）。

穿芯螺杆不接地是为了防止在穿芯螺杆有两点接地时会形成短路环作用，由于穿芯螺杆处在接地的铁芯之中，可以认为它是处于地电位，所以穿芯螺杆不接地。

55. 电抗法测试电力变压器绕组变形中分接位置有什么要求？

答：（1）测试时，被加压绕组和被短接绕组均应置于最高分接位置。

（2）外部短路故障后的检测可增加短路时绕组所在分接位置的检测。

（3）首次电抗法检测，还应在变压器铭牌上标有短路阻抗值（或出厂试验报告上有实测值）的分接位置测量单相短路阻抗 Z_K（Ω）或 Z_{Ke}（％）。

56. 变压器温升试验的方法主要有几种？

答：直接负载法、相互负载法、循环电流法、零序电流法、短路法。

57. 变压器出口短路后可进行哪些试验项目？

答：油中溶解气体色谱分析、绕组绝缘电阻、绕组直流电阻、绕组变形测量或短路阻抗试验。

58. 对变压器交流耐压试验一般有哪几种试验方法？

答：工频耐压试验、感应耐压试验、雷电冲击电压试验、操作波冲击电压试验。

59. 变压器绝缘受潮可进行哪些试验项目？

答：（1）绕组绝缘电阻、吸收比、极化指数、tanδ、泄漏电流。

（2）绝缘油的介电强度、tanδ、含水量、含气量。

（3）绝缘纸的含水量。

60. 什么是电力变压器绕组变形？

答：电力变压器绕组变形指电力变压器绕组在机械力或电动力作用下发生的轴向或径向尺寸变化，通常表现为绕组局部扭曲、鼓包或位移等特征。

61. 电力变压器绕组变形的电抗法检测判断导则规定哪些参数可用以判断变压器绕组变形？

答：短路阻抗 $Z_{Ke}(\%)$ 和 $Z_K(\Omega)$、短路电抗 $X_K(\Omega)$、漏电感 $L_K(mH)$。

62. 变压器大修时，铁芯的测试项目有哪些？

答：（1）测试铁芯对上、下夹件绝缘电阻。

（2）测试每个压钉对压板的绝缘电阻。

（3）测试穿芯螺杆或绑扎钢带对铁芯和夹件的绝缘电阻。

63. 变压器状态检修资料有哪些？

答：检修报告、例行试验报告、诊断性试验报告、有关反措执行情况、部件更换情况、检修人员对设备的巡检记录等。

64. 什么是变压器有载分接开关的过渡电路？

答：变压器有载分接开关在切换分接过程中，为了保证负载电流的连续，必须要在某一瞬间同时连接两个分接，为了限制桥接时的循环电流，必须串入阻抗，才能使分接切换得以顺利进行。在短路的分接电路中串接阻抗的电路称为过渡电路。串接的阻抗称为过渡阻抗，可以是电抗或电阻。

第二节　互感器类试验

65. 光电式电流互感器有哪些特点？

答：（1）无绝缘油，不会有安全隐患。

（2）没有磁饱和现象。

（3）无铁芯，因此没有铁磁共振和磁滞效应。

（4）测量带宽和精度可以达到很高。

（5）体积小，重量轻，造价低廉。

66. 电流互感器二次侧开路为什么会产生高电压？

答：电流互感器是一种仪用变压器。从结构上看，它与变压器一样，有一、二次绕组，有专门的磁通路；从原理上讲，它完全依据电磁转换原理，一、二次电势遵循与匝数成正比的数量关系。

一般地说电流互感器是将处于高电位的大电流变成低电位的小电流，即二次绕组的匝数比一次要多几倍，甚至几千倍（视电流变比而定）。如果二次开路，一次侧仍然被强制通过系统电流，二次侧就会感应出几倍甚至几千倍于一次绕组两端的电压，这个电压可能高达几千伏以上，进而对工作人员和设备的绝缘造成伤害。

67. 为什么温差变化和湿度增大会使高压互感器的 tanδ 超标？

答：互感器外部主要有底座、储油柜和接有一次绕组出线的大瓷套和二次绕组出线的小瓷套。当它们内部和外部的温度变化时，tanδ 也会变化，因为 tanδ 值与温度有一定的关系。当大小瓷套在湿度较大的空气中，使瓷套表面附上了肉眼看不见的小水珠，这些小水珠凝结在试品的大小瓷套上，造成试品绝缘电阻降低和电容量减小。对电容量较大的 U 字形电容式互感器，电容改变相当大，导致出现负 tanδ 值。

如果想降低 tanδ 值，一是按照技术条件和标准要求，在规定的温度和湿度情况下测量 tanδ 值。二是在实际温度下想办法排除大小瓷套上的水分，使试品恢复原来本身实际的电容量和绝缘电阻，以达到测出试品的 tanδ 值的真实数据。

68. 高压互感器的 tanδ 超标如何处理？

答：处理方法有化学去湿法、红外线灯泡照射法、烘房加热法等。

若采用上述方法处理后，个别试品 tanδ 值仍降不下来，就要从试品的制造工艺和干燥水平上找原因。根据经验，如果是电流互感器，造成 tanδ 值偏大的主要原因有试品包扎后时间过长、试品吸尘、吸潮或有碰伤等现象。电容式结构的试品，还可能出现电容屏断裂或地屏接触不良或断开现象，造成 tanδ 值偏大或测不出来。如果是电压互感器，主要是由于试品的胶木支撑板干燥不透或有开裂现象，造成 tanδ 值偏大。因为胶木撑板的好坏，直接影响试品的 tanδ 值。

69. 对一台 110kV 级电流互感器，例行试验应做哪些项目？

答：绕组及末屏的绝缘电阻、tanδ 及电容测量、油中溶解气体色谱分析及油试验。

70. 耦合电容器和电容式电压互感器的电容分压器的试验项目有哪些？

答：极间绝缘电阻、电容值测量、tanδ、渗漏油检查、低压端对地绝缘电阻、局部放电、交流耐压。

71. 高压电容型电流互感器受潮的特征是什么？

答：高压电容型电流互感器现场常见的受潮状况有三种情况。

（1）轻度受潮。进潮量较少，时间不长，又称初期受潮。其特征为：主屏的 tanδ 无明显变化；末屏绝缘电阻降低，tanδ 增大；油中含水量增加。

（2）严重进水受潮。进水量较大，时间不太长。其特征为：底部往往能放出水分；油耐压降低；末屏绝缘电阻较低，tanδ 较大；若水分向下渗透过程中影响到端屏，主屏 tanδ 将有较大增量，否则不一定有明显变化。

（3）深度受潮。进潮量不一定很大，但受潮时间较长。其特性是：由于长期渗透，潮气进入电容芯部，使主屏 tanδ 增大；末屏绝缘电阻较低，tanδ 较大；油中含水量增加。

72. 高压电容型电流互感器受潮，常用什么方法干燥？

答：当确定互感器受潮后，可用真空热油循环法进行干燥。目前认为这是一种最适宜的处理方式。

73. 串级式电压互感器 tanδ 测量时，常规法要二、三次线圈短接，而自激法、末端屏蔽法、末端加压法却不许短接，为什么？

答：常规法测量时，如不将二、三次线圈短接，若此时一次线圈也不短接，会引入激磁电感和空载损耗影响测得的 tanδ 值出现偏大的误差。而自激法或末端屏蔽法主要测的是一次线圈及下铁芯对二、三次和对地的分布电容和 tanδ 值。如果将二、三次短路，则激磁电流大大增加，不仅有可能烧坏互感器，还使一次电压与二、三次电压间相角差增加，引起不可忽视的测量误差。另外从自激法的接线来讲，高压标准电容器自激法用一个或两个低压线圈励磁，低压标准电容器法两个线圈均已用上，因而不允许短路。

74. 使用单相电压互感器进行高压核相试验，应该注意些什么？

答：使用电压互感器进行高压核相，应先将低压侧所有接线接好，然后用绝缘工具将电压互感器接到高压线路或母线；工作时应戴绝缘手套和护目眼镜，站在绝缘垫上；应有专人监护，保证作业安全距离；对没有直接电联系的系统核相，应注意避免发生串联谐振，造成事故。

75. 如何利用单相电压互感器进行高压系统的核相试验？

答：在有直接电联系的系统（如环接）中，可外接单相电压互感器，直接在高压侧测定相位，此时在电压互感器的低压侧接入 0.5 级的交流电压表。在高压侧依次测量 Aa、Ab、Ac、Ba、Bb、Bc、Ca、Cb、Cc 间的电压，根据测量结果，电压接近或等于零者，为同相；约为线电压者，为异相，将测得值作图，即可判定高压侧对应端的相位。

76. 35kV 及以上的电流互感器常采用哪些防水防潮措施？

答：（1）有些老式产品必须加装吸湿装置。

（2）对装有隔膜者，应及时更换有缺陷的隔膜，每次检修时，要将隔膜弯折，仔细检查。特别是在打开顶盖时，须采取措施防止积水突然流入器身内部，最好先设法通过呼吸孔将积水吸出。

（3）应检查瓷箱帽的严密性，用 196.2kPa 水压试验，以防止砂眼漏水。

（4）消除一切可能割破橡皮隔膜的因素，如零件的毛刺等。

（5）提高装配质量，保证密封良好。

（6）受潮的电流互感器在（100±5）℃，经 48h 干燥无效时，应进行真空干燥处理。

77. 如发现电流互感器高压侧接头过热，应怎样处理？

答：（1）若接头发热是由于表面氧化层使接触电阻增大，则应把电流互感器接头处理干净，抹上导电膏。

（2）接头接触不良，应旋紧接头固定螺钉，使其接触处有足够的压力。

78. GB 50150—2006《电气装置安装工程电气设备交接试验标准》中电压互感器绕组直流电阻测量应符合哪些规定？

答：一次绕组直流电阻测量值，与换算到同一温度下的出厂值比较，相差不宜大于 10%。二次绕组直流电阻测量值，与换算到同一温度下的出厂值比较，相差不宜大于 15%。

79. 试验中有时发现绝缘电阻较低，泄漏电流大而被认为不合格的被试品，为何同时测得的 tanδ 值还合格呢？

答：绝缘电阻较低，泄漏电流大而不合格的试品，一般表明在被试的并联等值电路中，某一支路绝缘电阻较低，而若干并联等值电路的 tanδ 值总是介于并联电路中各支路最大与最小 tanδ 值之间，且比较接近体积较大或电容较大部分的值，只有当绝缘状况较差部分的体积很大时，实测 tanδ 值才能反映出不合格值，当此部分体积较小时，测得整体的 tanδ 值不一定很大，可能小于规定值，对于大型变压器的试验，经常出现这种现象，应引起注意，避免误判断。

80. 电容式电压互感器的电容分压器的例行试验项目有哪些?

答：极间绝缘电阻、低压端对地绝缘电阻、tanδ 和电容值测量。

第三节 开 关 类 试 验

81. 做一台 35kV 多油断路器介损试验，应该准备哪些设备?

答：电源线、电源控制箱、介质损耗测试仪、连接导线、接地线等设备。

82. 对回路电阻过大的断路器，应重点检查哪些部位?

答：(1) 静触头座与支座、中间触头与支座之间的连接螺丝是否上紧，弹簧是否压平，检查有无松动或变色。

(2) 动触头、静触头和中间触头的触指有无缺损或烧毁，表面镀层是否完好。

(3) 各触指的弹力是否均匀合适，触指后面的弹簧有无脱落或退火、变色，对已损部件要更换掉。

83. 对 35kV 多油断路器电容套管进行交流耐压，分别对单套管试验时均正常，而几只套管一起试验时往往发生闪络，这是为什么?

答：试验变压器带电容性负荷后，因漏抗引起容升，其变比将要发生变化，高压侧电压将比换算值高。而且电容负荷越大，变化也越大。单只套管试验时，由于电容负荷很小，变比变化很小，多只套管一起试验时，由于电容负荷增大，高压侧电压将比换算值高得多。如仍在低压侧加同样电压则高压侧已超过欲加的电压，因而往往会发生闪络。

84. 对 35kV 多油断路器进行介质损耗测量中，如发现大于规定值应如何处理？

答： 在测量时如发现测量结果偏大，应将油箱落下，重测 $\tan\delta$，如数值减小较多，应做油样化验。如落下油箱后，测量结果仍超过标准，可将灭弧装置拆下，重测 $\tan\delta$，此时如再超过标准，则可肯定是套管本身的缺陷。

85. 对 35kV 以上多油断路器进行 $\tan\delta$ 值测量，为什么要比测主变压器的 $\tan\delta$ 更有诊断意义？

答： 当绝缘有局部缺陷或受潮时，这部分损耗将加大，整体的 $\tan\delta$ 值也增大，这部分体积相对越大，就使总体积的 $\tan\delta$ 值增大越显著，所以，局部 $\tan\delta$ 的变化对体积小的设备反应比较灵敏。多油断路器与变压器相比，体积小很多（即电容小），因此测多油断路器的 $\tan\delta$ 值比测变压器的 $\tan\delta$ 值更有诊断意义。

86. 多油和少油断路器的主要区别是什么？

答： 多油断路器的油箱是接地铁箱。箱内的油既用于灭弧，还作为高压带电体对油箱和同相开断动静触头之间的绝缘（在三相式断路器中还用作不同相高压带电体之间的绝缘），所以其用油量很大，体积也较大。

少油断路器的油箱是用绝缘材料（例如环氧树脂玻璃布或瓷等）制成，或是不接地的铁箱。箱内的油除用来灭弧外，仅作为同相开断触头之间的绝缘，其高压带电体对地的绝缘部件由瓷质绝缘或其他有机绝缘材料制成。

87. 为什么测量 110kV 及以上少油断路器的泄漏电流时，有时出现负值？

答： 所谓负值是指在测量 110kV 及以上少油断路器直流泄

漏电流时，接好试验线路后，加 40kV 直流试验电压时，空载泄漏电流比在同样电压下测得的少油断路器的泄漏电流还要大。产生这种现象的主要原因是高压试验引线的影响。

其次，升压速度的快慢及稳压电容充放电时间的长短，也是可能导致出现负值的一个原因。少油断路器对地电容仅为几十皮法，而与之并联的稳压电容器一般高达 $0.01\sim0.1\mu F$。若升压速度快，当升到试验电压后又较快读数，会因电容器充电电流残存的不同，引起负值或各相有差值。

88. 消除 110kV 及以上少油断路器的泄漏电流出现负值的处理方法有哪些？

答：(1) 引线端头采用均压措施。如用小铜球或光滑的无棱角的小金属体来改善线端头的电场强度，可减小电晕损失。

(2) 尽量减小空载电流，把基数减小。如在高压侧采用屏蔽、清洁设备、接线头不外露等。增加引线线径，比增加对地距离效果好。

(3) 保持升压速度一定，认真监视电压表的变化，对稳压电容器要充分放电或每次放电时间大致相同。

(4) 尽可能使试验设备、引线远离电磁场源。

(5) 采用正极性的试验电压。

89. 简述测量高压断路器导电回路电阻的意义。

答：导电回路电阻的大小，直接影响通过正常工作电流时是否产生不能允许的发热及通过短路电流时开关的开断性能，它是反映安装检修质量的重要标志。

90. 真空断路器灭弧原理是什么？

答：当断路器的动触头和静触头分开时，在高电场的作用下，触头周围的介质粒子发生电离、热游离、碰撞游离，从而产生电弧。如果动、静触头处于绝对真空之中，当触头开断时由于没有任何物质存在，也就不会产生电弧，电路就很容易分断了。但是绝对真空是不存在的，只能制造出相当高的真空度。真空断路器的灭弧室的真空度已在 $1.3 \times 10^{-4} \sim 1.3 \times 10^{-2}$ Pa（$10^{-6} \sim 10^{-4}$ mm 汞柱）以上，在这种高真空中，电弧所产生的微量离子和金属蒸汽会极快地扩散，从而受到强烈的冷却作用，一旦电流过零熄弧后，真空间隙介电强度恢复速度也极快，从而使电弧不再重燃。这就是真空断路器利用高真空来熄灭电弧并维持极间绝缘的基本原理。

91. SF$_6$ 断路器中的水分会造成的危害有哪些？

答：（1）水分引起化学腐蚀作用。在水分较多时，200℃以上 SF$_6$ 就可能产生水解，SO$_2$ 遇水后，生成亚硫酸；水分危害更主要的是在电弧作用下，SF$_6$ 分解过程中的反应，生成的固态金属氟化物等呈粉末状沉积在灭弧室底部；另外，SF$_6$ 分解过程中产生的氢氟酸也是毒性气体，对结构零件有严重威胁。

（2）水分对绝缘的危害。水分的凝结对沿面绝缘有害。在温度降低时，可能凝结成露水附着在零件表面，在绝缘件表面就可能产生沿面放电（闪络）而引起事故。如果水蒸气凝结时温度低于 0℃，则凝成冰（霜）呈固态，对绝缘的影响就小得多了。所以要求 SF$_6$ 气体中所含的水分要足够小，在标准以下。

92. 用一根细（截面小于 1mm^2）高线进行少油断路器泄漏电流试验时，为什么有时带上高压引线空试的泄漏电流比带上被试断路器时泄漏电流大？遇到这种情况应如何处理？

答：不带被试断路器时，由于高压引线较细且接线端部为尖端，在高电压下电场强度超过空气的游离场强便发生空气游离使泄漏电流增加。而当接上被试断路器以后，由于断路器的面积较大，使尖端电场得到改善，引线泄漏电流减少，加上断路器本身泄漏电流一般很小（小于 $10 \mu A$），往往小于尖端引起的泄漏电流，所以会出现不接被试断路器时泄漏电流大于接上被试开关的测量结果。遇到这种情况，可以更换较粗的高压引线（或用屏蔽线），同时使用均压球等均匀电场措施，使空试时接线端部电场得到改善，以减小空试时的泄漏电流值。

第四节　电 缆 类 试 验

93. 使用兆欧表测量大电容性电力电缆的绝缘电阻时，在取得稳定读数后，为什么要先取下测量线，再停止摇动摇把？

答：使用兆欧表测量电容性电气设备的绝缘电阻时，由于被测设备具有一定的电容，在兆欧表输出电压作用下处于充电状态，表针向零位偏移。随后指针逐渐向"无穷大"方向移动，约经 1min 后，充电基本结束，可以取得稳定读数。此时，若停止摇动摇把，被测设备将通过兆欧表放电。通过兆欧表表内的放电电流与充电电流相反，表的指针因此向"无穷大"处偏移，对于高电压、大容量的设备，常会使表针偏转过度而损坏。所以，测量大电容的设备时，在取得稳定读数后，要先取下测量线，然后再停止摇动摇把。同时，测试之后，要对被测设备进行充分的放电，以防触电。

94. 进行电力电缆试验时，所采取的安全措施有哪些？

答：（1）电力电缆试验要拆除接地线时，应征得工作许可人的许可（根据调控人员指令装设的接地线，应征得调控人员的许可）方可进行，工作完毕后立即恢复。

（2）电缆耐压试验前，加压端应做好安全措施，防止人员误入试验场所。另一端应设置围栏并挂警告标示牌。如另一端是上杆的或是锯断电缆处，应派人看守。

（3）电缆耐压试验前，应先对设备充分放电。

（4）电缆的试验过程中，更换试验引线时，应先对设备充分放电，作业人员应戴好绝缘手套。

（5）电缆耐压试验分相进行时，另两相电缆应接地。

（6）电缆试验结束，应对被试电缆进行充分放电，并在被试电缆上加装临时接地线，待电缆尾线接通后才可拆除。

95. 为什么电力电缆直流耐压试验要求施加负极性直流电压？

答：进行电力电缆直流耐压时，如缆芯接正极性，则绝缘中如有水分存在，将会因电渗透性作用使水分移向铅包，使缺陷不易发现。当缆芯接正极性时，击穿电压较接负极性时约高10%，因此为严格考查电力电缆绝缘水平，规定用负极性直流电压进行电力电缆直流耐压试验。

96. 10kV 及以上电力电缆直流耐压试验时，往往发现随电压升高，泄漏电流增加很快，是不是就能判断电缆有问题，在试验方法上应注意哪些问题？

答：10kV 及以上电力电缆直流耐压试验时，试验电压分4～5级升至3～6倍额定电压值。因电压较高，随电压升高，如无较好的防止引线及电缆端头游离放电的措施，则在直流电压超过30kV 以后，对于良好绝缘的泄漏电流也会明显增加，所以随试验电压的上升泄漏电流增大很快不一定是电缆缺陷，此时必须采取极间屏障或绝缘覆盖（在电缆头上缠绕绝缘层）等措施减少游离放电的杂散泄漏电流之后，才能判断电缆绝缘水平。

97. 为什么油纸绝缘电力电缆不采用交流耐压试验，而采用直流耐压试验？

答：（1）电缆电容量大，进行交流耐压试验需要容量大的试验变压器，现场不具备这样的试验条件。

（2）交流耐压试验有可能在油纸绝缘电缆空隙中产生游离放电而损害电缆，电压数值相同时，交流电压对电缆绝缘的损害较直流电压严重得多。

（3）直流耐压试验时，可同时测量泄漏电流，根据泄漏电流的数值及其随时间的变化或泄漏电流与试验电压的关系，可判断电缆的绝缘状况。

（4）若油纸绝缘电缆存在局部空隙缺陷，直流电压大部分分布在与缺陷相关的部位上，因此更容易暴露电缆的局部缺陷。

98. 测量电力电缆的直流泄漏电流时，为什么在测量中微安表指针有时会有周期性摆动？

答：如果没有电缆终端头脏污及试验电源不稳定等因素的影响，在测量中直流微安表出现周期性摆动，可能是被试电缆的绝缘中有局部的孔隙性缺陷。孔隙性缺陷在一定的电压下发生击穿，导致泄漏电流增大，电缆电容经过被击穿的间隙放电；当电缆充电电压又逐渐升高，使得间隙又再次被击穿；然后，间隙绝缘又一次得到恢复。如此周而复始，就使测量中的微安表出现周期性的摆动现象。

99. 为什么单芯电力电缆的外皮只允许一点接地，而另一点须通过接地器接地，三芯电力电缆的外皮可多点接地？

答：单芯电缆外皮一端直接接地，而另一端通过接地器或间隙接地，在正常情况下，由于接地器在低电压下有很高的电阻，相当于电缆外皮一端开路，电缆中的工作电流不能在外皮感应出现环流，所以能防止因环流而烧损电缆外皮和降低电缆的载流量。而三芯电缆在外皮感应的电动势很小，不会在电缆外皮上产生环流，故可将其外皮多点接地。

100. 电力电缆做直流耐压试验，试验时应该注意什么？

答：应采用微安表在高压端的试验接线，微安表要有保护。试验的部位及加压的次数与测量绝缘电阻时一样，即一相对另两相及对地的耐压和泄漏电流试验。

为准确测量泄漏电流，防止杂散电流影响试验准确性，必须注意电缆两头的相间及相对地距离，必要时就在电缆两侧的电缆端头套上绝缘管。升压要均匀，一般电压升到 0.25 倍、0.5 倍、0.75 倍试验电压时，各停留 1min，读取泄漏电流值，最后升到试验电压进行耐压试验。对新电缆（未做终端头的），要在电缆两头扒开足够长度以便将芯线分开，保持足够的空间距离，才可进行试验。试验时电压很高，工作人员应保持与带电部位的安全距离，电缆另一端也应有专人看守。试验到时间后，应迅速降压，将电源切断，并使电缆对地充分放电。被试电缆附近的其他闲置电缆也应短路接地，否则就会因试验积存电荷而影响人身安全。

101. 为什么刚停运的电缆做直流耐压试验时，易先发生靠铅包处的绝缘击穿，而停运很久的电缆却易发生靠芯线处的绝缘击穿？

答：电力电缆直流耐压试验时，直流电压按其绝缘电阻成比例分配，刚停运时由于靠近铅包处的温度较低而绝缘电阻相对较高，故承受到的分配电压较高而先发生绝缘击穿。停运很久的电缆，由于电缆绝缘温度相同，同样绝缘厚度上分配的电压基本相等，但芯线处电场强度相对较高，所以易先发生靠芯线处的绝缘击穿。

102. 为什么电缆做直流耐压试验一般要在冷状态下进行？

答：因为温度对泄漏电流的影响极大，温度上升，则泄漏电流增加。如果在热状态下进行试验，泄漏电流的数值很大，并且随着加压时间增长而加大，甚至可能导致击穿。另外，在热状态时，靠近缆芯处的绝缘因温度较高其绝缘电阻变小，靠近铅皮处的绝缘因温度较低则绝缘电阻仍很大，而直流电压下它们承受的电压取决于各自绝缘电阻的大小，所以热状态下高电场主要移向靠近铅皮的绝缘层上，使缆芯与铅皮之间的整个绝缘上电压分布不均匀，因此缆芯处的绝缘因承受电压较小则绝缘缺陷不易暴露，故为了保证试验结果准确和不损伤完好的电缆，直流耐压试验最好在冷状态下进行并记录气温，以便对照。

103. 简述应用串、并联谐振原理进行电力电缆交流耐压试验的方法。

答：（1）串联谐振（电压谐振）法。当试验变压器的额定电压不能满足所需试验电压，但电流能满足被试品试验电流的情况下，可用串联谐振的方法来解决试验电压的不足。

（2）并联谐振（电流谐振）法。当试验变压器的额定电压能满足试验电压的要求，但电流达不到被试品所需的试验电流时，可采用并联谐振对电流加以补偿,以解决试验电源容量不足的问题。

(3)串并联谐振法。除了以上的串联、并联谐振外,当试验变压器的额定电压和额定电流都不能满足试验要求时,可同时运用串、并联谐振线路,也称为串并联补偿法。

第五节 避雷器类试验

104. 什么是避雷器工频放电电压?

答:避雷器工频放电电压指在工频电压作用下,避雷器将发生放电的电压值。

105. 什么是避雷器的残压?

答:避雷器的残压指雷电流通过避雷器时在其端子间的最大电压值。

106. 什么是氧化锌避雷器持续运行电压?

答:避雷器持续运行电压允许持久地施加在避雷器两端的工频电压有效值。

107. 什么是直流 1mA 参考电压?

答:直流 1mA 参考电压是氧化锌避雷器在直流 1mA 参考电流下测出的避雷器两端的电压。

108. 氧化锌避雷器的工频参考电压指什么?

答:在参考电流(指 1~20mA 峰值阻性电流。依各制造厂和各类型产品而不同)下测得的工频电压称为工频参考电压,有时也用峰值表示。

109. 氧化锌避雷器工频参考电压的基本测量原理是什么?

答:测量时要在避雷器上施加工频电压,当其电流中的电阻分量峰值达到规定的额定值时,施加的工频电压大小即为工频参考电压。但在工频电压作用下,避雷器电流中主要流过的容性电流，所以测量的关键是把容性电流过滤或补偿掉，然后才能真正测量到其阻性电流峰值。

110. 测量避雷器的泄漏电流时，为什么不能根据试验变压器低压侧电压值换算出直流输出高压，而一定要在高压侧的试品两端直接测出？

答：因为直流输出电压是经过半波整流电容滤波获得的，同时泄漏电流流过保护电阻上，会产生电压降，所以如用试验变压器低压侧电压值换算直流输出高压，必然产生较大的误差。另外对于有并联电阻的避雷器，由于并联电阻的非线性特性，加在避雷器上的试验电压值只要相差一点，对泄漏电流就会有很大影响，如电压相差 10%，则泄漏电流就可能相差 30%，因此直流高压值必须在高压侧试品两端直接测量。

111. FZ 型避雷器的火花间隙的上下电极为冲压的黄铜片，中间隔云母片，成为空气电容器加云母电容器的串联回路，这样的间隙有什么优点？

答：伏秒特性曲线较平，放电电压的分散性也较小，因而易与被保护的电气设备配合。这是由于一方面小间隙容易形成均匀电场，另一方面由于电极与云母片之间的气隙在过电压作用下会产生电晕，当放电时间减少时，放电电压增加得并不多。多个小间隙把放电形成的电弧隔成许多小短弧，而短弧具有工频续流过零后不易重燃的特性，因此易于灭弧。所以采用多个小间隙比单个大间隙好。

112. 阀式避雷器的作用和原理是什么？

答：阀式避雷器是用来保护发、变电设备的主要元件。在有较高幅值的雷电波侵入被保护装置时，避雷器中的间隙首先放电，限制了电气设备上的过电压幅值。在泄放雷电流的过程中，由于碳化硅阀片的非线性电阻值大大减小，又使避雷器上的残压限制在设备绝缘水平下。雷电波过后，放电间隙恢复，碳化硅阀片非线性电阻值又大大增加，自动地将工频电流切断，保护了电气设备。

113. 为什么阀式避雷器的放电电压既不能太低，也不能太高？

答：阀式避雷器的工频放电电压不能太低，以避免其在持续时间较长的操作电压下动作爆炸，在中性点非直接接地系统中，其工频放电电压应在系统最大运行相电压 3.5 倍以上；在高压中性点直接接地系统中，应在 3 倍相电压以上，同时为保证间隙可靠灭弧，还要求工频放电电压不小于其灭弧电压的 180%。在一定的间隙结构时，降低工频放电电压等于降低灭弧电压，从而可能使避雷器放电后，因间隙灭不了弧而爆炸。阀式避雷器的工频放电电压不能太高，因避雷器有一定冲击系数，如超过其规定数值，与被保护设备的绝缘配合裕度小，就会影响保护效果。

114. 有 4 节 FZ‐30J 阀式避雷器，如果要串联组合使用，必须满足的条件是什么？

答：每节避雷器的电导电流为 $400\sim600\mu A$，非线性系数 α 相差值不大于 0.05，电导电流相差值不大于 30%。

115. 如何用 MF‐20 型万用表在运行条件下测量避雷器的交流泄漏电流？为什么不使用其他型式万用表？

答：将 MF‐20 型万用表选择在交流 1.5mA 挡位上，并联在放电记录器（JS）上即可进行测量，因为此时 MF‐20 型万用表的内阻仅为十几欧姆，而 JS 内阀片的电阻约为 $1\sim2k\Omega$，所以此时流过 MF‐20 型万用表的电流基本等于流过避雷器的交流泄漏电流。从原理上讲，放电记录器分流造成的误差不大于 3%。

其他型万用表交流毫安挡的内阻较大，其测量误差太大。但只要有内阻较小的且量程在 1mA 和 3mA 左右的交流电流表均可使用。

116. 为什么避雷器工频放电电压会偏高或偏低？

答：避雷器工频放电电压偏高或偏低，除了限流电阻选择不当、升压速度不当和试验电源波形畸变等外部原因外，还有避雷器的内部原因。

避雷器工频放电电压偏高的内部原因是：内部压紧弹簧压力不足，搬运时使火花间隙发生位移；黏合的云母片受热膨胀分层，增大了火花间隙，固定电阻盘间隙的小瓷套破碎，间隙电极位移；制造厂出厂时工频放电电压接近上限。

避雷器工频放电电压偏低的内部原因是：火花间隙组受潮，电极腐蚀生成氧化物，同时云母片的绝缘电阻下降，使电压分布不均匀；避雷器经多次动作、放电，而电极灼伤产生毛刺；由于间隙组装不当，导致部分间隙短接；弹簧压力过大，使火花间隙放电距离缩短。

117. 氧化锌避雷器有什么特点？

答：氧化锌避雷器的阀片具有极为优异的非线性伏安特性，采用这种无间隙的避雷器后，其保护水平不受间隙放电特性的限制，仅取决于雷电和操作放电电压时的残压特性，而这个特性与常规碳化硅阀片相比好得多，这就相对提高了输变电设备的绝缘水平，从而有可能使工程造价降低。

118. FZ 型避雷器的电导电流在规定的直流电压下，标准为 400～600μA。为什么低于 400μA 或高于 600μA 都有问题？

答：FZ 型避雷器电导电流主要反映并联电阻及内部绝缘状况。若电阻值基本不变，内部绝缘良好，则在规定的直流电压下，电导电流应在 400～600μA 范围内。若电压不变，而电导电流超过 600μA，则说明并联电阻变质或内部受潮。如电流低于 400μA，则说明电阻变质，阻值增加，甚至断裂。

119. 金属氧化物避雷器运行中劣化的征兆有哪几种？

答：金属氧化物在运行中劣化主要是指电气特性和物理状态发生变化，这些变化使其伏安特性漂移、热稳定性破坏、非线性系数改变、电阻局部劣化等。一般情况下这些变化都可以从避雷器的如下几种电气参数的变化上反映出来：

（1）在运行电压下，泄漏电流阻性分量峰值的绝对值增大。

（2）在运行电压下，泄漏电流谐波分量明显增大。

（3）运行电压下的有功损耗绝对值增大。

（4）运行电压下的总泄漏电流的绝对值增大，但不一定明显。

120. 为什么要监测金属氧化物避雷器运行中的持续电流的阻性分量？

答：当工频电压作用于金属氧化物避雷器时，避雷器相当于一台有损耗的电容器，其容性电流的大小仅对电压分布有意义，并不影响发热，而阻性电流则是造成金属氧化物电阻片发热的原因。

良好的金属氧化物避雷器虽然在运行中长期承受工频运行电压，但因流过的持续电流通常远小于工频参考电流，引起的热效应极微小，不致引起避雷器性能的改变。而在避雷器内部出现异常时，主要是阀片严重劣化和内壁受潮等，阻性分量将明显增大，并可能导致热稳定破坏，造成避雷器损坏。但这个持续电流阻性分量的增大一般是经过一个过程的，因此运行中定期监测金属氧化物避雷器的持续电流的阻性分量，是保证安全运行的有效措施。

121. 在避雷器的绝缘试验中为什么把测量绝缘电阻作为一个重要项目？

答：对带有并联电阻的避雷器，将测量值与前一次或同一型式的避雷器数据比较，可以检查内部并联电阻有无断裂或连接松脱及检查分路电阻等元件的好坏。若绝缘电阻显著降低，大多是由于密封不良、内部受潮引起，也可能是火花间隙短路。若绝缘电阻显著升高，则可能是并联电阻接触不良、老化变质或断裂。测量绝缘电阻更是发现受潮的有效方法，有时其阀片已受潮变色，但测量工频放电电压还没有降低到下限以下，而测量绝缘电阻会发现显著下降。由于测量绝缘电阻既简单又灵敏，故被列为避雷器绝缘试验的重要项目。

122. Q/GDW 1168—2013《输变电设备状态检修试验规程》对金属氧化物避雷器 1mA 直流参考电压及 0.75 倍直流参考电压下的泄漏电流是如何规定的？

答：（1）U_{1mA} 不得低于 GB 11032—2010《交流无间隙金属氧化物避雷器》的规定值，并且与初始值或制造厂给定值相比较，变化率不应大于±5%。

（2）$0.75U_{1mA}$ 下的泄漏电流值与初始值或制造厂给定值相比较，变化量不大于 30%，且泄漏电流值不应大于 $50\mu A$。对于额定电压 216kV 以上避雷器，泄漏电流不应大于制造厂的规定值。

第六节　其他设备试验

123. 耦合电容器的工作原理是什么？

答：电容器的容抗与电流的频率成反比。高频载波信号通常使用的频率为 30～500kHz，对于 50Hz 工频来说，耦合电容器呈现的阻抗要比对前者呈现的阻抗值大 600～10000 倍，基本上相当于开路。对高频载波信号来说，则接近于短路，所以耦合电容器可作为载波高频信号的通路，并可隔开工频高压。

124. 耦合电容器在电网中起什么作用？

答：耦合电容器是载波通道的主要结合设备，它与结合滤波器共同构成高频信号的通路，并将电力线上的工频高电压和大电流与通信设备隔开，以保证人身设备的安全。

125. 为什么例行试验合格的耦合电容器会在运行中发生爆炸？

答：造成耦合电容器损坏事故的主要原因，多数是由于在出厂时就带有一定的先天缺陷。有的厂家对电容芯子烘干不好，留有较多的水分，或元件卷制后没有及时转入压装，造成元件在空气中的滞留时间太长，另外，还有在卷制中碰破电容器纸等。个别电容器由于胶圈密封不严，进入水分。此时一部分水分沉积在电容器底部，另一部分水分在交流电场的作用下将悬浮在油层的表面，此时如顶部单元件电容器有气隙，它最容易吸收水分，又由于顶部电容器的场强较高，这部分电容器最易损坏。

电容器的击穿往往是与电场的不均匀相联系的，在很大程度上取决于宏观结构和工艺条件，而电容器的击穿就发生在这些弱点处。电容器内部无论是先天缺陷还是运行中受潮，都首先造成部分电容器损坏，运行电压将被完好电容器重新分配，此时每个单元件上的电压较正常时偏高，从而导致完好的电容器继续损坏，最后导致电容器击穿。

126. 怎样用兆欧表来判断电容器的好坏？

答： 用兆欧表测量电容器的绝缘电阻，测试完毕应迅速切断测试电路，不让剩余电荷通过兆欧表流放，再使电容器短路放电，此时可能有三种情况：

（1）兆欧表摇测时从 0 开始逐渐增加，短路时有放电火花，这说明电容器绝缘和储能性能良好。

（2）兆欧表停在 0 位，表明电容器已击穿。

（3）兆欧表有读数，短路接地时无放电火花，则表明接线柱和极板的连接线断裂。

127. 为什么 GB 11032—2010 中将耦合电容器电容量的允许负偏差由原来－10％修改为－5％？

答： 因为耦合电容器由多个元件串联组成，测量时，电容量的负偏差主要原因是渗漏油而使上部缺油。当油量减少时，上部高压端易于放电而造成爆炸事故，同时电容量减少 5％时，其油量下降并非总油量的 5％，而还要大得多，因此为提高监测有效性将电容量的负偏差由原来的－10％标准改到 GB 11032—1989 中规定的－5％。

128. 35kV 变压器的充油套管为什么不允许在无油状态下做耐压试验，但又允许做 tanδ 及泄漏电流试验？

答： 由于空气的介电常数 $\varepsilon_1＝1$，电气强度 $E_1＝30\text{kV/cm}$。

而油的介电常数 $\varepsilon_2 = 2.2$，电气强度 E_2 可达 $80 \sim 120 \text{kV/cm}$，若套管不充油做耐压试验，导杆表面出现的场强会大于正常空气的耐受场强，造成瓷套空腔放电，电压加在全部瓷套上，导致瓷套击穿损坏。若套管在充油状态下做耐压试验，因油的电气耐受强度比空气的高得多，能够承受导杆表面处的场强，不会引起瓷套损坏，因此不允许在无油状态下做耐压试验。套管不充油可做 $\tan\delta$ 和泄漏试验，是因为测 $\tan\delta$ 时，其试验电压 $U_{\exp} = 10 \text{kV}$，测泄漏电流时，施加的电压规定为低于充油状态下的 $50\% U_{\exp}$，不会出现导杆表面的场强大于空气的耐受电气强度的现象，也就不会造成瓷套损坏，故允许在无油状态下测量 $\tan\delta$ 和泄漏电流。

129. 高压套管电气性能方面应满足哪些要求？

答：（1）长期工作电压下不发生有害的局部放电。

（2）1min 工频耐压试验下不发生滑闪放电。

（3）工频干试或冲击试验电压下不击穿。

（4）防污性能良好。

130. 为什么测量 110kV 及以上高压电容型套管的介质损耗因数时，套管的放置位置不同，往往测量结果有较大的差别？

答：测量高压电容型套管的介质损耗因数时，由于其电容小，当放置不同时，因高压电极和测量电极对周围未完全接地的构架、物体、墙壁和地面的杂散阻抗的影响，会对套管的实测结果有很大影响。不同的放置位置，这些影响又各不相同，所以往往出现分散性很大的测量结果。因此，测量高压电容型套管的介质损耗因数时，要求垂直放置在妥善接地的套管架上进行，而不应该把套管水平放置或用绝缘索吊起来在任意角度进行测量。

131. 为什么油纸电容型套管的 $\tan\delta$ 一般不进行温度换算？

答：油纸电容型套管的主绝缘为油纸绝缘，其 $\tan\delta$ 与温度的关系取决于油与纸的综合性能。良好绝缘套管在现场测量温度范围内，其 $\tan\delta$ 基本不变或略有变化，且略呈下降趋势。因此，一般不进行温度换算。

132. 电抗器正常检查有哪些项目？

答：主要项目包括检查各触头是否接触良好，有无过热现象；检查电抗器周围是否清洁，应无杂物，无磁性物体；检查电抗器支持瓷瓶是否清洁，有无裂纹，安装是否牢固。注意电抗器有无振动和噪声等。

133. 消弧线圈的铁芯与单相变压器的铁芯有什么不同？

答：消弧线圈的铁芯柱由多段带间隙的铁芯组成；而单相变压器的铁芯是由不带间隙的闭合铁芯组成。使用带间隙的铁芯，使铁芯不易产生饱和现象，因此消弧线圈的感抗值比较稳定，感抗值较小，从而达到较大的感性电流来补偿线路单相接地时的电容电流。

134. 接地电阻的测量为什么不应在雨后不久就进行试验？

答：因为接地体的接地电阻值随地中水分增加而减少，如果在刚下过雨不久就去测量接地电阻，得到的数值必然偏小，为避免这种假象，不应在雨后不久就测接地电阻，尤其不能在大雨或久雨之后立即进行这项测试。

135. 测量接地电阻时应注意哪些事项？

答：（1）测量的辅助电极与接地体应有足够的距离。

（2）仪表接线尽量粗些，一般不少于 1.5mm^2。

（3）引线应是绝缘线。

（4）电压线和电流线要有足够距离，以免相互干扰，多次测量和改变兆欧表转速测量取平均电阻值。

136. 使用接地电阻测定器测量接地电阻时，为什么要求测量棒与接地网距离足够远？

答：接地装置的接地极以半球场发散接地电流；复杂接地网发散场半径很大，只有离接地网足够远才是真正零电位；接地电阻测定器是按流比计原理设计的，是通过测量接地极和零电位间的电位差以及接地电流实行流比显示电阻值，这一测量原理决定了距离上的要求要足够远。

137. 影响地网腐蚀的主要因素有哪些？

答：（1）土壤的理化性质，包括土壤电阻率、含水量、含氧量、含盐量、土壤酸度等。

（2）接地体铺设方式。

（3）接地极形状。

（4）周围是否存在基建残留物。

（5）电场的影响，造成电腐蚀。

138. 做 GIS 交流耐压试验时应特别注意什么？

答：（1）规定的试验电压应施加在每一相导体和金属外壳之间，每次只能一相加压，其他相导体和接地金属外壳相连接。

（2）当试验电源容量有限时，可将 GIS 用其内部的断路器或隔离开关分断成几个部分分别进行试验，同时不试验的部分应接地，并保证断路器断口、断口电容器或隔离开关断口上承受的电压不超过允许值。

（3）GIS 内部的避雷器在进行耐压试验时应与被试回路断开，GIS 内部的电压互感器、电流互感器的耐压试验应参照相应的试验标准执行。

第十一章 油气类试验

1. 什么是油的倾点?

答：绝缘油的倾点又称为流动点，是用来评定油品流动性的指标，其值常比凝点高 2～3℃。

2. 降凝剂的作用是什么?

答：降凝剂可以改善低温流动性，降低凝固点，使油品在低温下能正常使用。

3. 油品氧化的危害是什么?

答：油品氧化会产生氧化产物，这些氧化产物会加速油品自身的氧化和固体绝缘材料的老化。

4. 变压器内产生的气体可分为哪两种气体?

答：分为故障气体和正常气体两种。

5. 变压器故障气体主要由哪几部分产生的?

答：由绝缘物的热分解和绝缘物的放电分解产生的。

6. 气体在油中的溶解度有哪些因素的影响?

答：主要是压力和温度的影响。

7. 判断设备故障有哪几种特征气体?

答：特征气体包括氢、甲烷、乙烷、乙烯、乙炔、一氧化碳、二氧化碳七种气体。

8. 油品添加剂的种类?

答：抗氧化剂、黏度添加剂、降凝剂、防锈添加剂、抗泡沫添加剂、破乳化剂。

9. 什么是三比值法？

答：用氢、甲烷、乙烷、乙烯、乙炔五种特征气体的三对比值来判断变压器故障性质的方法。

10. 油品烃类的自动氧化趋势分为几个阶段？

答：开始阶段、发展阶段、迟滞阶段。

11. 电力用油质量不合格会造成哪些危害？

答：（1）加速油品劣化。

（2）造成用油设备的腐蚀。

（3）油路堵塞，可能造成严重事故。

12. SF_6 气体绝缘的电气设备与充油电气设备相比，具有哪些优点？

答：（1）不易着火，安全性高。

（2）使用寿命和检修周期长。

（3）占地面积小，安装操作简单。

（4）性能优良，运行可靠。

13. 油品中水分的来源有哪些？

答：（1）在运输和储存过程中，水分侵入到油品中。

（2）用油设备由于在安装过程中，干燥处理得不彻底或在运行中由于设备缺陷，而使水分侵入油中。

（3）油在使用中，由于运行条件的影响，油要逐渐地被氧化，油在自身的氧化过程中，也伴随有水分的生成。

（4）油品本身具有吸潮性。

14. 变压器油的功能有哪些？

答：绝缘作用、散热冷却作用、灭弧作用、保护铁芯和线圈组件的作用、延缓氧对绝缘材料的侵蚀。

15. 酸值测定为什么要煮沸 5min 且滴定不能超过 3min？

答：趁热滴定可以避免乳化液对颜色变化的识别，有利于油中有机酸的抽出，防止二氧化碳的二次干扰。

16. 如何在瓦斯断电器上取气样？

答：工具：一段乳胶管、金属三通阀、注射器、扳手。

步骤：在瓦斯断电器的放气嘴上套上一段乳胶管，乳胶管另一头接一个小型金属三通阀与注射器连接。各连接处密封良好，转动三通阀排空注射器，再转动三通阀，取样。取样后关闭放气嘴，转动三通的方向，使之封住注射器口，取下三通及乳胶管，立即用胶帽封住注射器。

17. 为什么白天耐压试验合格的绝缘油，有时过了一个晚上耐压就不合格了？

答：影响绝缘油电气强度的因素很多，如油吸收水分、污染和温度变化等。如只将油放了一个晚上，耐压强度便降低了，其主要原因是油中吸收了水分。绝缘油极容易吸收水分，尤其是晚上气温下降时，空气中相对湿度升高，空气中的水分更容易浸入而溶解于油中，当油中含有微量水分时，绝缘油的耐压强度便明显下降。

18. 色谱分析油样振荡及平衡气转移步骤有哪些？

答：所需工具：振荡仪、玻璃注射器（100mL、5mL）、针头、橡胶封帽、双针头、大气压表，99.99%高纯氮气。

要求：（1）检查振荡仪运行正常。

（2）振荡仪温度必须达到设定值。

（3）注射器芯塞洁净、灵活不卡涩，5mL玻璃注射器必须用氮气清洗1~2次。

（4）加入氮气时不得漏气。

（5）室温在10℃以下时，振荡前注射器应适当预热。

（6）振荡平衡时间符合要求。

（7）必须用试油清洗1~2次，操作符合要求，防止空气进入注射器。

（8）油样注射器室温下放置2min，微正压法转移平衡气，不得吸入空气。

（9）平衡器读数要求准确至 0.1mL。

（10）油样总含气量小于 1％，加气量可适当增加。

（11）注意防尘，析出气泡在试验时不必排出。

19. 如何进行色谱、微水的取样？

答：（1）做好准备工作，注射器必须经过通过严密性检查（一周 H_2 损失＜5％）。

（2）注射器经过清洁烘干，芯塞能自由滑动，无卡涩。

（3）取样前先用干净的甲级棉纱或者布擦净取样阀。

（4）正确可靠连接取样管路排除死油及空气，管路连接可靠无漏油、漏气缺陷。

（5）让油样在静压下平缓自动进入注射器。

（6）油样取完后立即用橡胶帽正确封严注射器。

（7）注意人身安全。

（8）取样后记录以下内容：单位、设备名称、型号、取样日期、取样部位、取样天气、取样油温、运行负荷、油牌号油量等。

（9）注射器油样在放置和运输过程中要避光、防尘、防潮，确保注射器芯干净、不卡涩，运输过程中避免剧烈振动破损。

（10）色谱分析样保存期不得超过 4 天，微水分析保存期不得超过 10 天。

20. 为什么绝缘油内稍有一点杂质，它的击穿电压就会下降很多？

答：以变压器油为例来说明这种现象。在变压器油中，通常含有气泡（一种常见杂质），而变压器油的介电系数比空气高 2 倍多，由于电场强度与介电常数是成反比的，再加上气泡使其周围电场畸变，所以气泡中内部电场强度也比变压器油高 2 倍多，气泡周边的电场强度更高了。而气体的耐电强度比变压器油本来就低得多。所以在变压器油中的气泡就很容易游离。气泡游离之后，产生的带电粒子再撞击油的分子，油的分子又分解出气体，由于这种连锁反应或称恶性循环，气体增长将越来越快，最后气泡就会在变压器油中沿电场方向排列成行，最终导致击穿。

如果变压器油中含有水滴，特别是含有带水分的纤维（棉纱或纸类），其对绝缘油的绝缘强度影响最为严重。杂质虽少，但由于会发生连锁反应并可以构成贯通性缺陷，所以会使绝缘油的放电电压下降很多。

21. 为什么对含有少量水分的变压器油进行击穿电压试验时，在不同的温度时分别有不同的耐压数值？

答：造成这种现象的原因是变压器油中的水分在不同温度下的状态不同，因而形成"小桥"的难易程度不同。在 0℃ 以下水分结成冰，油黏稠，"搭桥"效应减弱，耐压值较高。略高于 0℃ 时，油中水呈悬浮胶状，导电"小桥"最易形成，耐压值最低。温度升高，水分从悬浮胶变为溶解状，较分散，不易形成导电"小桥"，耐压值增高。在 60~80℃ 时，达到最大值。当温度高于 80℃，水分形成气泡，气泡的电气强度较油低，易放电并形成更多气泡搭成气泡桥，耐压值又下降了。

22. 为什么绝缘油击穿试验的电极采用平板型电极，而不采用球型电极？

答：绝缘油击穿试验用平板形成电极，是因为极间电场分布均匀，易使油中杂质连成"小桥"，故击穿电压较大程度上取决于杂质的多少。如果用球型电极，由于球间电场强度比较集中，杂质有较多的机会碰到球面，接受电荷后又被强电场斥去，故不容易构成"小桥"。绝缘油击穿试验的目的是检查油中水分、纤维等杂质，因此采用平板形电极较好。我国规定使用直径为 25mm 的平板形标准电极进行绝缘油击穿试验，板间距离规定为 2.5mm。

23. 石油产品的酸值定义是什么？

答：酸值是指中和 1g 试油中含有的酸性组分，所需要的氢氧化钾毫克数，有的国家又称为总酸值，也有将总酸值同总碱值合称为中和值。

24. 测试油品酸值的注意事项有哪些？

答：（1）测试所用无水乙醇应不含醛，因为醛在稀碱溶液中会发生缩合反应，随着时间的延长，就会使氢氧化钾乙醇溶液变黄、变坏。因此，含醛的乙醇必须先除掉醛方可使用。

（2）调节电磁搅拌速度，在搅拌和滴定过程中不能使萃取液和试油样品分层。

（3）倾倒废液前，先将磁铁置于杯底，吸住电磁搅拌子，避免倾倒废液时丢失搅拌子。

25. SF_6 气体中混有水分有什么危害？

答：（1）水分引起化学腐蚀，干燥的 SF_6 气体是非常稳定的，在温度低于 500℃ 时一般不会自行分解，但是在水分较多时，200℃ 以上就可能产生水解，生成物中的 HF 具有很强的腐蚀性，且是对生物肌体有强烈腐蚀的剧毒物，SO_2 遇水生成硫酸，也有腐蚀性。水分的危险，更重要的是在电弧作用下，SF_6 分解过程中的反应。在反应中的最后生成物中有 SOF_2、SO_2F_4、SOF_4、SF_4 和 HF，都是有毒气体。

（2）水分对绝缘的危害。水分的凝结对沿面绝缘也是有害的，通常气体中混杂的水分是以水蒸气形式存在，在温度降低时可能凝结成露水附着在零件表面，在绝缘件表面可能产生沿面放电（闪络）而引起事故。

26. 根据变压器油的色谱分析数据，诊断变压器内部故障的原理是什么？

答：电力变压器绝缘多系油纸组合绝缘，内部潜伏性故障产生的烃类气体来源于油纸绝缘的热裂解，热裂解的产气量、产气速度以及生成烃类气体的不饱和度，取决于故障点的能量密度。故障性质不同，能量密度也不同，裂解产生的烃类气体也不同，电晕放电主要产生氢，电弧放电主要产生乙炔，高温过热主要产生乙烯。故障点的能量不同，上述各种气体产生的速率也不同。这是由于在油纸等碳氢化合物的化学结构中因原子间的化学键不同，各种键的键能也不同。含有不同化学键结构的碳氢化合物有程度不同的热稳定性，因而得出绝缘油随着故障点的温度升高而裂解生成烃类的顺序是烷烃、烯烃和炔烃。同时，又由于油裂解生成的每一烃类气体都有一个相应最大产气率的特定温度范围，从而导出了绝缘油在变压器的各不相同的故障性质下产生不同组分、不同含量的烃类气体的简单判据。

27. 为什么要特别关注油中乙炔的含量？

答：乙炔（C_2H_2）是变压器油高温裂解的产物之一。其他还有一价键的甲烷、乙烷，还有二价键的乙烯、丙烯等。乙炔是三价键的烃，温度需要高达千度以上才能生成。这表示充油设备的内部故障温度很高，多数是有电弧放电了，所以要特别重视。

28. 为什么套管注油后要静置一段时间才能测量其 tanδ？

答：刚检修注油后的套管，无论是采取真空注油还是非真空注油，总会或多或少地残留少量气泡在油中。这些气泡在试验电压下往往发生局部放电，因而使实测的 tanδ 增大。为保证测量的准确度，对于非真空注油及真空注油的套管，一般都采取注油后静置一段时间且多次排气后再进行测量的方法，从而纠正偏大的误差。

29. 受潮变压器的油，其击穿电压一般随温度上升而上升，但温度达到 80℃ 及以上时，为什么击穿电压反而下降了？

答：受潮的变压器油中有悬浮状态的水分，使其击穿电压下降，但随温度升高，悬浮的水分转为溶解状态，沉下箱底，对油的击穿电压影响很小，故油的击穿电压随温度的升高而上升，但当温度上升到 80℃ 及以上时，由于水分蒸发而在油中产生大量气泡，这些气泡先游离，致使击穿电压下降。

30. 为什么有时会在变压器油击穿电压合格的变压器内部放出水来？

答：当水分进入变压器油以后，水分在油中的状态可分为悬浮状态、溶解状态和沉积状态。由介质理论可知，水分呈悬浮状态时，对油的击穿电压下降最为显著，溶解状态次之。沉积状态一般影响很小。因此，当水沉积在变压器底部，取油样时常常不一定取得有水的油进行试验，则其击穿电压仍然很高。而在解体或放油检查时，则往往会发现变压器内有水。为检测这类进水受潮，除了油击穿电压合格外，对大型变压器还要求进行变压器油的微量水测定，以测量悬浮和溶解状态下的水分含量。

31. 为什么变压器油受潮以后，其击穿电压会迅速下降？为什么水分增到一定值后却不再下降？

答：变压器油受潮后含有水分，而水的介电系数很大，水滴两端的电场特别强，从而将水滴拉长，在电场中定向排列，当油中有脱落纤维时，极化纤维也将自动向电极间运行，顺电场方向定向排列。但事实上，只有一定数量的水分能悬浮状态存留在油中，多余部分将沉积底部。所以水分增加到一定程度，油的击穿电压进一步降低是有限的。

32. 为什么气体击穿后绝缘强度能自行恢复？液体介质击穿后经过一定处理也能恢复，而固体介质被击穿后，绝缘性能却不可恢复？

答：这是由于各种介质电击穿的机理相异的缘故。气体放电的特点是：当外施电压增大到一定程度，气隙中带电粒子因游离发展为电子崩而剧增，再发展导致击穿；但当外加电压撤除，放电通道中的带电粒子又会因去游离作用（复合、扩散主要为扩散）而消失，所以其绝缘性能可以自行恢复。

液体介质的击穿是由于液体中含有水分、纤维、气泡等杂质，在电场作用下发生极化逐步排列形成"小桥"，其电导电流大，使温度升高，又加速了水的汽化和油的分解，这样更扩大了气泡的通道，因此，液体介质击穿的本质是沿着气泡的"小桥"导电，实质也是气体放电。液体介质击穿后，一般由于扩散作用，其带电质点逐渐消失，绝缘性能也可自行恢复。劣化了的油经过净化处理，将水分、气泡、纤维、碳粒等杂质的含量降低，因而其绝缘性能也能恢复。

固体介质不仅承担使导体和导体（或人或大地）隔开的绝缘作用，还要承受导体重、自重、风力、机械力、短路电动力、热效应等各种负荷。另外，它还直接受到大气变化和环境污染的影响。设备正常运行时虽然没有受过电压作用，但随着外加电压和各种机械应力（拉伸、弯曲、扭转等）及化学作用，介质的结构和绝缘性能逐渐变坏，因而出现介质疲劳和老化的趋势。当外加电压升高到等于或大于击穿电压时，介质内部绝缘性能丧失，同时引起结构、化学性能、物理形态等各种变化。此后虽然外施电压撤除，但击穿引起的各种变化依然存在（烧焦、熔化或出现放电通道等），放电通道中的碳粒仍滞留在通道中，形成导电的通路，因此固体介质击穿后绝缘性能不可恢复。

33. 测量油中水分有什么意义？

答：测定水分对绝缘油有极其重要的意义。运行绝缘油中，只要有微量的水分，就会急剧降低其介电性能，促使油品老化，更有甚者将使纸绝缘遭到严重破坏，而使设备无法运行。因此对运行绝缘油中水分的监督尤为重要，并按不同的电压等级制定了严格的规定。

34. 测试油中水分的注意事项有哪些？

答：（1）仪器所用的卡尔费休试剂是由碘、二氧化硫（液态）、砒啶和甲醇组成，应放在通风橱内进行。避免吸入或用手接触电解液，如与皮肤接触，应用水彻底冲洗干净。

（2）在正常的测定过程中，每 100mL 电解液可与不小于 1g 的水进行反应，若测定时间过长，电解液的敏感性下降，应更换电解液。

（3）要经常更换干燥剂，防止电解液受潮而影响测试结果。

（4）如果电解曲线比较高、测量指示数字不稳定或仪器使用间隔时间较长，在使用前关闭电解，取下电解池，轻摇几下电解池瓶，使试剂更快地吸收瓶壁的水分，然后按下电解键继续电解，仪器进入平衡点会较快。

（5）试验注入口的硅胶垫，使用一定时间后会失去弹性或被扎穿，使大气中的水分进入电解池而产生误差，应定期更换硅胶垫。

35. 变电设备上取油样的注意事项有哪些？

答：（1）取样应在晴天进行，且空气相对湿度不高于80%。取微水分析样品时，空气相对湿度不大于70%。

（2）作业人员两人，一人操作，一人监护。登高时应使用安全带，有专人负责梯子，传递物件不能上下抛掷。

（3）带电取样时，防止误碰设备带电部分，并与带电设备保持足够的安全距离。做好防止感应电伤人的措施。

（4）取完油样后关好取样阀，不得漏油、渗油，并做好工作地点的清洁。

36. 油样运输和保存的注意事项有哪些？

答：油样应尽快进行分析，做油中溶解气体分析的油样不得超过4天。做油中水分含量的油样不得超过7天，油样在运输中应尽呈避免剧烈振动，防止容器破碎，油样运输和保存期间必须避光，并保证注射器芯能自由滑动。

37. 什么是油品的运动黏度？

答：油品的黏度表示油品在外力作用下，做相对层流运动时，油品分子间产生内摩擦阻力的性质。油品的内摩擦阻力越大，流动越困难，黏度也越大。

38. 测试油品运动黏度的影响因素和注意事项有哪些？

答：（1）精确控制恒温。油品的黏度是随温度的升高而降低，随温度的下降而增大，极小的温度波动，就会使测定结果产生较大误差。

（2）应缓慢吸入样品时，避免产生气泡，并严格控制吸入量。如试样中存有气泡会影响装油的体积，而且进入毛细管后可能形成气塞，增大了液体流动的阻力，使流动时间拖长，测定结果偏高。

（3）要将黏度计调整成垂直状态，并使水浴中的水至少淹没扩张部分的一半。因为黏度计的毛细管倾斜时，会改变液柱的高度，从而改变静压力的大小，使测定结果产生误差。

39. 油品的界面张力定义是什么？

答：油对水界面张力是指油品与不相溶的另一相纯水接触的界面上产生的张力，以 δ 表示，其单位为毫牛顿/米（mN/m）。在电力用油方面，通常所说的界面张力，均指油对水之间的界面张力，简称油品的界面张力。

40. 测量油品界面张力的意义是什么？

答：（1）可鉴别新油的质量。矿物绝缘油是多种烃类的混合物，其在精制过程中，一些非理想组分，包括含氧化合物等极性分子应全部被除掉；同时在采用硫酸或选择性溶剂及白土处理后，亦应将其残留物清除干净。故新的、纯净的绝缘油具有较高的界面张力，一般可以高达 $40\sim50$ mN/m，甚至 55 mN/m 以上。

（2）可判断运行中油质的老化程度。运行中的绝缘油因受温度、空气、光线、水分、电场等因素的影响，油质将逐渐老化、变坏。油质老化后生成的各种有机酸及醇类等极性物质，将使油品的界面张力逐渐降低。故测定运行中绝缘油的界面张力，可判断油质的老化程度。

（3）可判断油泥的生成趋势。油在初期老化阶段，界面张力的变化是相当迅速的，到老化中期，其变化速度也就降低。而油泥生成则明显增加，因此，界面张力值可对生成油泥的趋势做出可靠的判断。当油中界面张力值在 $27\sim30$ mN/m 时，则表明油中已有油泥生成的趋势；如果界面张力值在 18 mN/m 以下时，则表明油已严重老化，应予以更换。

41. 测量油品界面张力影响因素有哪些？

答：（1）水的纯度。应使纯水的表面张力值在 71～72mN/m，方可进行油水界面张力的测试，否则影响测试结果。

（2）温度的影响。界面张力值随着温度的升高而降低。因为温度升高引起物质膨胀，分子间的距离增大，分子间引力减小，从而使界面张力降低。通常情况，温度每改变 10℃，张力值相应变化约 1mN/m。

42. 测量油品界面张力测试的注意事项有哪些？

答：（1）若试样杂质过多，应用直径为 150mm 的中速滤纸过滤，每过滤约 25mL 试样后应更换一次滤纸。

（2）清洗铂环时，应从环架杆上取下进行，取铂环和安装铂环时一定要关掉仪器电源，安装好铂环后，要使铂环每一部分都在同一平面上。

（3）试样杯和测量环应清洗干净。如果清洗不干净或有污染物的存在，特别是有表面活性物质的存在，均会导致界面张力数值的下降。

（4）加入样品时应缓慢，避免产生气泡，影响测试结果的准确性。

（5）加入的水量应保证铂环浸入水中深度不小于 5mm；加入在水上面的油样应保持约 10mm 的厚度。如果过薄，或仪器零点值漂移太大，都会使油水界面的膜还没被拉破就进入空气中，从而影响测试结果的准确性。

43. 什么是油品的闭口闪点？

答：在规定条件下加热密封的油品，随着温度的升高，油蒸气在空气中（油面上的混合气体）的含量会逐渐增大，当温度升到某一温度，在油蒸气和空气组成的混合气中的油蒸气的含量达到可燃浓度时，如将火焰靠近这种混合气，则在油面上会出现短暂的蓝色火焰，并伴随轻微的爆鸣声，这种现象称为油品的"闪火现象"。此时的最低油温称为油品的闭口闪点。

44. 油品闭口闪点测试的影响因素有哪些？

答：（1）与升温速度有关。加温速度要严格按规定控制，不能过快或过慢。如加热太快，油蒸发速度快，使空气中油蒸气浓度提前达到爆炸下限，使测定结果偏低。如加热速度过慢，测定时间较长，部分油蒸气扩散到空气中，推迟了油蒸气和空气混合物达到闪点浓度的时间，而使测定结果偏高。

（2）与大气压力有关。一般情况下压力高则闪点高，压力低则闪点低。所以在测定闪点时，应根据当时的气压进行修正。

45. 测量油品闭口闪点的注意事项有哪些？

答：（1）样品储存温度应不超过 30℃，以减少样品的蒸发损失和压力升高。

（2）测定油杯中的油量，要正好到刻度线，否则油量多，则结果偏低，反之则偏高。

（3）对点火用的火焰大小、火焰距液面的高低及液面上的停留时间等均应注意，一般火焰较规定越大，火焰离液面越近，在液面上移动的时间越长，则测得的结果就越低，反之亦然。

（4）仪器做完实验后，不准立即关闭电源或关闭风机，要等待实验后自动启动风机、样品实验页面停止功能或使用仪器自检页面打开风机等强制散热到接近室温时再关闭电源，防止仪器内部过热，加速内部元器件老化。

46. 什么是油品的凝点？

答：油品凝点也称为凝固点，是指油品在规定的试验条件下失去流动性时的最高温度。

47. 测量油品凝点的影响因素有哪些？

答：油品的凝点与冷却速度有关，冷却速度太快，有些油品凝点降低。因为当迅速冷却时，随着油品的黏度增大，晶体增长得很慢，在晶体尚未形成紧固的"石蜡结晶网格"前，温度就降低了很多。但也有的油品凝点升高，这主要取决于油品的性质。

48. 测量油品凝点的注意事项有哪些？

答：（1）仪器用冷却水的压力要稳定，否则影响试样的重复性。

（2）试油作重复性实验时，应重新取样，或将该样重新预热至50℃，其目的是将油品中石蜡晶体溶解，破坏其"结晶网格"，使油品重新冷却和结晶，取得较好的重复性。

（3）试验结束后排油应至少排放三次，将油排放干净，然后用盖帽将注油口盖好。

49. 石油产品的水溶性酸或碱定义？

答：水溶性酸碱又称水抽出物试验或酸、碱反应。油中的水溶性酸碱，是指油中能溶于水的无机酸、无机碱、低分子的有机酸及碱性含氮化合物等。

50. 测试水溶性酸或碱影响因素有哪些？

答：（1）蒸馏水本身的pH值高低对测定结果有明显的影响。试验中加入的去离子水应按要求煮沸，驱除CO_2以后才能使用。

（2）萃取温度的影响。因为萃取温度直接影响平衡时水中酸的浓度，温度过高油品易裂化，也会引起水的汽化和浓缩，导致萃取量大。温度过低则萃取量太小不容易测定。所以应严格控制温度70～80℃。

（3）指示剂本身也会是弱酸或弱碱，所以在配制指示剂时应严格按照方法中的规定，把指示剂本身的pH值调节到规定值，并准确控制加入指示剂的体积。

51. 测试水溶性酸或碱的注意事项有哪些？

答：（1）盛取50mL蒸馏水和油样时，应使用量筒盛取。需要盛取多个不同油样时，应避免量具重复使用造成油样交叉污染。

（2）清洗比色杯时，先用磁铁置于比色杯下部，吸住电磁搅拌子，然后倾倒废液，避免丢失搅拌子。

（3）自检时如吸液泵连接有液体，将有液体自滴定口流出，需放置空比色杯接取，防止溢出到转盘上。

52. 测量油品酸值的意义是什么？

答：油品中的酸性物质会提高油品的导电性，降低油品的绝缘性能，还会使固体绝缘材料产生老化，缩短变压器的使用寿命。油品中的酸性物质对设备构件所用的铜、铁、铝等金属材料也有腐蚀作用，所生成的金属盐类是氧化反应的催化剂，会加速油品的老化进程。测定油品酸值是生产厂家出厂检验和用户检查验收油质好坏的重要指标之一，也是运行重油老化程度的主要控制指标之一。

53. 在绝缘油油中溶解气体分析中所说的总烃包含哪几种气体？

答：甲烷、乙烯、乙烷、乙炔。

54. 气相色谱法的主要检测原理是什么？

答：色谱法的分离原理主要是，当混合物在两相间做相对运动时，样品各组分在两相间进行反复多次的分配，不同分配系数的组分在色谱柱中的运行速度不同，滞留时间也不一样。分配系数小的组分会较快地流出色谱柱；分配系数越大的组分就越易滞留在固定相间，流过色谱柱的速度较慢。这样，当流经一定的柱长后，样品中各组分得到了分离。当分离后的各个组分流出色谱柱而进入检测器时，记录仪就记录出各个组分的色谱峰。

55. 气相色谱法的检测流程是什么？

答：来自高压气瓶或气体发生器的载气首先进入气路控制系统，把载气调节和稳定到所需要流量与压力后，流入进样装置把样品（油中分离出的混合气体）带入色谱柱，通过色谱柱分离后的各个组分依次进入检测器，检测后检测到的电信号进过计算机处理后得到每种特征气体的含量。

56. 色谱法分析具有哪些优点？

答：分离效能高、分析速度快、样品用量少、灵敏度高、适用范围广。

57. 充油电气设备故障诊断步骤是什么？

答：（1）判定有无故障。

（2）判断故障类型。

（3）诊断故障的状况，如热点温度、故障功率、严重程度、发展趋势以及油中气体的饱和水平和达到气体继电器报警所需的时间等。

（4）提出相应的处理措施，如能否继续运行，继续运行期间的技术安全措施和监视手段（如确定跟踪周期等），或是否需要内部检查修理等。

58. 色谱分析中"三防"指的是什么？

答："三防"是指防漏出气样、防样气失真、防操作条件变化。

59. 色谱分析中"三快"指的是什么？

答："三快"是指进针要快、准，推针要快，取针要快。

60. 取色谱分析油样一般应注意什么？

答：（1）放尽取样阀中残存油。

（2）连接方式可靠，连接系统无漏油或漏气缺陷。

（3）取样前应将取样容器、连接系统中空气排尽。

（4）取样过程中，油样应平缓流入容器。

（5）对密封设备在负压状态取样时，应防止负压进气。

（6）取样过程中，不允许人为对注射器芯施加外力。

（7）从带电设备或高处取样，注意人身安全。

61. 对于灭弧气室，SF_6 气体分解产物的纯度检测指标和评价结果是什么？

答：（1）纯度检测≥97％的，评价为正常。

（2）纯度检测在 95％～97％的，建议跟踪，1 个月后复检。

（3）纯度检测＜95％，建议抽真空，重新充气。

62. 高压电气设备中 SF₆ 气体水分的主要来源有哪些？

答：（1）SF₆ 新气中含有的水分。

（2）SF₆ 电气设备生产装配中混入的水分。

（3）SF₆ 电气设备中的固体绝缘材料带有的水分。

（4）SF₆ 电气设备中的吸附剂含有的水分。

（5）大气中的水汽通过 SF₆ 电气设备密封薄弱环节渗透到设备内部。

63. 为什么 SF₆ 断路器中 SF₆ 气体的额定压力不能过高？

答：提高气体压力对提高其耐电强度是很有效的方法。SF₆ 断路器中使用的 SF₆ 气体压力过高，对于断路器的密封也会带来一定的困难。

SF₆ 气体的压力增高，其液化温度也要提高，对寒冷地区使用的充装 SF₆ 气体的设备增加了困难，因此设备中充装 SF₆ 气体要在一定压力范围内。

64. SF₆ 气体的杂质来源有哪些？

答：（1）SF₆ 新气（在合成制备过程中残存的杂质和在加压充装过程中混入的杂质）。

（2）设备检修和运行维护。

（3）开关设备内部放电和机械磨损。

（4）设备故障产生的电弧放电。

（5）设备绝缘缺陷。

65. SF₆ 电气设备典型放电故障形式有哪些？会产生哪些分解产物？

答：SF₆ 电气设备内部放电故障类型主要有悬浮电位放电、接触不良、金属对地放电等。产生的 SF₆ 气体分解产物为 SOF_2、SO_2F_2、SO_2、HF 和 H_2S 等。

66. SF_6 气体水分测量方法中的露点法特别适合在实验室条件下测量洁净气体中的水分，其测量速度快、测试精度高。但是露点法不太适合现场使用，其主要原因是什么？

答：（1）运行设备中的气体往往含有腐蚀性成分及灰尘等颗粒杂质，镜面易受灰尘等颗粒杂质的污染或气体腐蚀。

（2）在夏季高温环境下，因空气冷却效果较差，难以制冷到很低的温度，无法测试低含量气体中的水分。

（3）设备内存在的挥发性高沸点溶剂对检测结果有干扰，使测试结果失真。

67. SF_6 电弧分解产物的危害有哪些？

答：（1）SF_6 电弧分解产物，在正常运行设备中的含量很低。但 SF_6 电弧分解产物大多具有刺激性臭味，对皮肤、呼吸道黏膜有强刺激作用，可引发肺水肿、肺炎等，有的分解产物毒性与光气相当。因此，现场检修、运行人员一定要加强人身防护，防止发生中毒事故。

（2）SF_6 发生电弧分解，虽然也能一定程度上降低 SF_6 气体的纯度，但这种降低对其绝缘性能的影响是微不足道的。SF_6 发生电弧分解产物对设备的危害，主要体现在有水分存在的条件下，因易形成强腐蚀性的氢氟酸（HF），对设备造成一定性的腐蚀。

68. SF_6 气体纯度检测方法有哪几种？

答：电化学传感器法、气相色谱法、声速测量法、红外光谱法、高压击穿法、电子捕获法、热导检测法。

69. 用电化学传感器法检测 SF_6 纯度的检测原理是什么？

答：利用 SF_6 气体通过电化学传感器后，根据传感器电信号值的变化进行 SF_6 气体含量的定性和定量测试，典型应用是热导传感器。

70. 用气相色谱法检测 SF_6 纯度的检测原理是什么？

答：以惰性气体（载气）为流动相，以固体吸附剂或涂渍有固定液的固体载体为固定相的柱色谱分离技术，配合热导检测器（TCD），检测出被测气体中的空气和 CF_4 含量，从而得到 SF_6 气体的纯度。

71. 用声速测量法检测 SF_6 纯度的检测原理是什么？

答：基于对气体中不同声速的评估，如空气和 N_2 中的声速为 $330m/s$，SF_6 气体中的声速为 $130m/s$，通过测量样气中声速的变化，确定 SF_6 气体体积分数。

72. 用红外光谱法检测 SF_6 纯度的检测原理是什么？

答：利用 SF_6 气体在特定波段的红外光吸收特性，对 SF_6 气体进行定量检测，可检测出 SF_6 气体的含量。

73. 用热电导法检测 SF_6 纯度的优点是什么？

答：（1）检测范围大，最高检测浓度可达 100%。

（2）热导传感器系统集成度高，工作稳定性好，使用寿命长。

（3）具有"广谱"性，可检测几乎所有的气体。

（4）使用单纯的热导传感器，检测装置结构简单，价格便宜，使用维护方便。

74. SF_6 气体湿度检测技术有哪些方法？

答：质量法、电解法、阻容法、露点法。

75. 质量法测量 SF_6 气体微水的检测原理是什么？

答：让 SF_6 气体穿过已知重量的水分吸收管路（无水高氯酸镁），SF_6 中的水分被水分吸收管吸收，管路重量的增加值为 SF_6 含水量。

76. 电解法测量 SF_6 气体微水的检测原理是什么？

答：气体通过仪器时气体中的水被电解，产生稳定的电解电流，通过测量该电流大小来测定气体的湿度。用涂有磷酸的两个电极（如铂和铑）形成一个电解池，在两个电极之间施加一直流电压，气体中的水分被电解池内作为吸湿剂的五氧化二磷膜层连续吸收，生成磷酸，并被电解为氢和氧，同时五氧化二磷得以再生，检测到的电解电流就是 SF_6 气体中微量水分含量的量度。

77. 阻容法测量 SF_6 微水的检测原理是什么？

答：当被测气体通过电子湿度仪的传感器时，气体湿度的变化引起传感器电阻、电容量的改变，从而测得气体湿度值。

根据传感器吸湿后电阻电容的变化量计算出微水含量。当水分进入微孔后，使其具有导电性，电极之间产生电流、电压。利用标准湿度发生器产生定量水分来标定电压露点温度关系，根据标定的曲线测量湿度。

78. 利用电化学传感器法检测 SF_6 气体分解物检测原理是什么？

答：根据被测气体中的不同组分改变电化学传感器输出的电信号，从而确定被测气体中的组分及其含量。

79. SF_6 新气如何运输和储存？

答：（1）气瓶不能暴晒、受潮。应将气瓶放在阴凉的地方或是室内。

（2）气瓶不允许靠近热源有油污的地方。存放时，气瓶要立放在架子上，标志向外。

（3）气瓶运输时可以卧放，防止过大的振动。气瓶的胶圈安全帽要齐全。

（4）气瓶装卸时，应轻放、轻装，严禁气瓶互相碰撞；卸装时，不允许溜放，更不允许抛卸。

80. 变压器油的气相色谱分析与简化试验相比有什么优越性？

答：气相色谱分析是物理和化学相结合的分离分析方法，它能分析出溶解于油中的气体的成分和含量。变压器内部存在的潜伏性故障（如过热、局部放电、电晕等）会使周围的绝缘分解出气体，这些气体溶解于油中。这些故障在刚开始形成时，用油的简化试验是发现不了的，而用灵敏度比较高的气相色谱分析能及时发现潜伏的故障，防止事故的发生。

81. 在线式气相色谱分析的优点有哪些？

答：（1）分析过程相对简单，分析周期短，可以达到 30min 左右，一般情况下采用检测周期为 1h。

（2）具有连续性、稳定性、重复性的特点。

（3）实施色谱在线监测，可以在一定程度上捕捉突发性故障信号的能力，在不间断的监测过程中可以观察到非瞬时发生故障的先兆，在积累运行经验的基础上采取必要的措施。

（4）在变压器安装色谱在线装置，可以避免一些灾难性故障（突发性故障除外），实现状态检修，降低维护成本。

第十二章 带电测试

第一节 红外检测

1. 什么是带电测量？

答：一般采用便携式检测设备，对正在运行的电气设备采用专用仪器，由人员参与，对设备状态量进行的现场检测，其检测方式为带电短时间内检测。

2. 带电设备红外诊断方法有哪几种？

答：表面温度判断法、相对温差判断法、同类比较法、热谱图分析法、档案分析法。

3. 什么是红外热像检测技术？

答：利用红外热像技术，对电力系统中具有电流、电压致热效应或其他致热效应的带电设备进行检测和诊断。

4. SF_6 红外检漏检测原理是什么？

答：当一束具有连续波长的红外光通过物质时，其中某些波长的光就要被物质吸收，形成特定的红外吸收光谱。SF_6 电力设备红外检漏技术就是基于此原理产生的。

5. SF_6 红外检漏检测原理人员要求是什么？

答：（1）熟悉红外检漏技术的基本原理，了解红外检漏仪的工作原理、技术参数和性能，掌握红外检漏仪的操作程序和使用方法。

（2）了解被检测设备的结构特点、工作原理、运行状况和导致设备故障的基本因素。

（3）熟悉 DL/T 664—2008《带电设备红外诊断应用规范》，接受过红外检漏技术培训，并经相关机构培训合格。

（4）具有一定的现场工作经验，熟悉并能严格遵守电力生产和工作现场有关的安全管理规定。

6. SF_6 红外检漏检测环境要求是什么？

答：（1）环境温度以 $-25\sim40℃$ 为佳，风速一般不大于 $5m/s$。

（2）避免在雷、雨、雾、雪等恶劣气象条件下进行检测。

（3）户外晴天应尽量避免强烈太阳光或者高温热源直接入射镜头。

（4）避开强电磁场，防止强电磁场影响红外检漏仪的正常工作。

7. 什么是温升？

答：表面温度和环境温度参照体表面温度之差。

8. 什么是温差？

答：不同被测设备或同一被测设备不同部位之间的温度差。

9. 什么是相对温差？

答：两个对应测点之间的温差与其中较热点的温升之比的百分数。

10. 什么是环境温度参照体？

答：用来采集环境温度的物体。它不一定具有当时的真实环境温度，但具有与被检测设备相似的物理属性，并与被检测设备处于相似的环境之中。

11. 什么是红外测温的一般检测？

答：适用于用红外热像仪对电气设备进行大面积检测。

12. 什么是红外测温的精确监测？

答：主要用于检测电压致热型和部分电流致热型设备的内部

缺陷，以便对设备的故障进行精确判断。

13. 电力电缆开展红外热像检测试验，主要检测的部位有哪些？

答：电缆终端、非直埋式电缆中间接头、交叉互联箱和外护套屏蔽接地点。

14. 避雷器带电检测项目有哪些？

答：红外热像检测、运行中持续电流检测和高频法局部放电检测。

15. 变压器油温异常升高的原因有哪些？

答：变压器过负荷、冷却系统运行异常、变压器发生故障或异常和环境温度过高。

16. 导流回路故障主要是载流导体连接处接触不良引起的过热，有哪些原因会引起故障？

答：触头或连接件接触电阻过大、触头表面氧化、机械卡滞、接触压力降低。

17. 电气设备表面温度的测量方法主要有哪些？

答：温度计直接测量法、传感器法和红外测温法。

18. 红外诊断高压断路器内部缺陷主要包括哪些？

答：动静触头接触不良、静触头座接触不良和中间触头接触不良。

19. 造成高压隔离开关发热故障的原因主要是哪些？

答：合闸操作不到位、合闸操作过度和触头与触头不水平或不垂直。

20. 高压套管内导电连接的方式有几种？

答：导杆式连接、穿缆式连接和将军帽结构连接。

21. 高压电容式套管绝缘缺陷故障主要包括哪些？

答：进水受潮、局部放电、油质劣化、油位低于数个瓷裙、瓷套表面污秽和末屏接地不良。

22. 造成电容式套管末屏发热故障的原因包括哪些？

答：末屏引线脱落、接地端螺母松动、末屏套管绝缘不良。

23. 电力变压器开展红外热像检测试验，主要的检测部位是什么？

答：出线装置、油箱、储油柜、冷却装置和电流互感器升高座。

24. 变压器缺陷可利用红外诊断有效检测的内容有哪些？

答：外部引线与套管连接不良、套管密封不良、进水受潮、套管内部引线接触不良或焊接不良和油枕有积水。

25. 如何利用简便的方法确定某个物体（材料）的发射率？

答：按照以下步骤确定某物体的发射率：

（1）用热偶或接触测温仪测出被测物体的真实温度，然后用红外测温仪测量该物体，并边测边改变仪器的发射率，直到显示值与物体的真实温度一致。

（2）如果所测量的温度达到76℃，可以将一个特殊的塑料带缠绕在（或粘贴）被测物体表面，使被测物体被塑料部分覆盖，将红外测温仪的发射率设置成0.95，测出塑料带的温度，然后测量塑料带周围的温度，调节发射率使显示值和塑料片的温度一致。

26. 如何理解物体的发射率？

答：某个物体向外发射的红外辐射强度取决于这个物体的温度和表面材料的辐射特性，用发射率ε描述物体向外发射红外能量的能力。发射率的取值范围可以从0～1。通常说的"黑体"是指发射率为1.0的理想辐射源，而镜子的发射率一般为0.1。如果用红外测温仪测量温度时选择的发射率过高，测温仪显示的温度将低于被测目标的真实温度（假设被测目标的温度高于环境温度）。

27. 电力设备的主要故障模式有哪些？

答：（1）电阻损耗（铜损）增大故障。

（2）介质损耗增大故障。

（3）铁磁损耗（铁损）增大故障。

（4）电压分布异常和泄漏电流增大故障。

（5）缺油及其他故障。

28. 如何进行红外检测的故障特征与诊断判别？

答：主要应研究各种电力设备在正常运行状态和产生不同故障模式时的状态特征及其变化规律，以及故障属性、部位和严重程度分等定级的不同判断方法与判据，逻辑诊断的推理过程与方法。另外，还应熟悉电力生产过程，各种电力设备的基本结构、功能与运行工况。

29. 引起设备发热有几种情况？

答：电压致热型设备、电流致热型设备、综合致热型设备。

30. 红外测温一般检测要求有哪些？

答：（1）被检设备是带电运行设备，应尽量避开视线中的封闭遮挡物，如门和盖板等。

（2）环境温度一般不低于5℃，相对湿度一般不大于85％；天气以阴天、多云为宜，夜间图像质量为佳；不应在雷、雨、雾、雪等气象条件下进行，检测时风速一般不大于5m/s。

（3）户外晴天要避开阳光直接照射或反射进入仪器镜头，在室内或晚上检测应避开灯光的直射，宜闭灯检测。

（4）检测电流致热型设备，最好在高峰负荷下进行。否则，一般应在不低于30％的额定负荷下进行，同时应充分考虑小负荷电流对测试结果的影响。

（5）检测电压致热型设备，最好在日落1h后进行测量，避免白天测量，以减少阳光照射被检设备表面造成表面温度与实际温度之间的温差影响。

31. 红外测温精确检测要求有哪些？

答：除满足一般检测的环境要求外，还满足以下要求：

（1）风速一般不大于 0.5m/s。

（2）设备通电时间不小于 6h，最好在 24h 以上。

（3）检测期间天气为阴天、夜间或晴天日落 2h 后。

（4）被检测设备周围应具有均衡的背景辐射，应尽量避开附近热辐射源的干扰，某些设备被检测时还应避开人体热源等的红外辐射。

（5）避开强电磁场，防止强电磁场影响红外热像仪的正常工作。

32. 红外检测周期是如何规定的？

答：正常运行变（配）电设备的检测应遵循检修和预试前普查、高温高负荷等情况下的特殊巡测相结合的原则。一般 220kV 及以上交（直）流变电站每年不少于两次，其中一次可在大负荷前，另一次可在停电检修及预试前，以便使查出的缺陷在检修中能够得到及时处理，避免重复停电。

110kV 及以下重要变（配）电站每年检测一次。

对于运行环境差、陈旧或有缺陷的设备，大负荷运行期间、系统运行方式改变且设备负荷突然增加等情况下，需对电气设备增加检测次数。

新建、改扩建或大修后的电气设备，应在投运带负荷后不超过 1 个月内（但至少在 24h 以后）进行一次检测，并建议对变压器、断路器、套管、避雷器、电压互感器、电流互感器、GIS 等进行精确检测，对原始数据及图像进行存档。

建议每年对 330kV 及以上变压器、套管、避雷器、电容式电压互感器、电流互感器、GIS 等电压致热型设备每年进行一次精确检测，做好记录，必要时将测试数据及图像存入红外数据库，进行动态管理，有条件的单位可开展 220kV 及以下设备的精确检测并建立图库。

33. 红外测温表面温度判断法的定义是什么？

答：主要适用于电流致热型和电磁效应引起发热的设备。根据测得的设备表面温度值，对照 GB/T 11022—2011《高压开关设备和控制设备标准的共用技术要求》中高压开关设备和控制设备各种部件、材料及绝缘介质的温度和温升极限的有关规定，结合环境气候条件、负荷大小进行分析判断。

34. 红外测温同类比较判断法的定义是什么？

答：根据同组三相设备、同相设备之间及同类设备之间对应部位的温差进行比较分析的方法。

35. 红外测温图像特征判断法的定义是什么？

答：主要适用于电压致热型设备。根据同类设备的正常状态和异常状态的热像图，判断设备是否正常。注意应尽量排除各种干扰因素对图像的影响，必要时结合电气试验或化学分析的结果，进行综合判断。

36. 红外测温相对温差判断法的定义是什么？

答：主要适用于电流致热型设备。特别是对小负荷电流致热型设备，采用相对温差判断法可降低小负荷缺陷的漏判率。

37. 红外测温实时分析判断法的定义是什么？

答：在一段时间内使用红外热像仪连续检测某被测设备，观察设备温度随负载、时间等因素变化的方法。

38. 根据过热缺陷对电气设备运行的影响程度，缺陷类型可分为几类？

答：一般缺陷、严重缺陷、危急缺陷。

39. 一般缺陷的定义是什么？

答：指设备存在过热，有一定温差，温度场有一定梯度，但不会引起事故的缺陷。这类缺陷一般要求记录在案，注意观察其缺陷的发展，利用停电机会检修，有计划地安排试验检修消除缺陷。

40. 严重缺陷的定义是什么？

答：指设备存在过热，程度较重，温度场分布梯度较大，温差较大的缺陷。

41. 危急缺陷的定义是什么?

答: 指设备最高温度超过 GB/T 11022—2011 规定的最高允许温度的缺陷。

42. 变电设备发热故障分为几类?

答:(1)电气设备的外部故障。主要表现为机械接触不良和外部污秽引起的故障。

(2)电气设备的内部故障。主要是指封闭在固体绝缘、油绝缘以及设备壳体内部的电气回路故障和绝缘介质劣化引起的故障。

43. 变电设备内部发热故障分为几类?

答:(1)内部电气连接不良或触头不良故障。

(2)介质损耗增大故障。

(3)绝缘老化、开裂或脱落故障。

(4)电压分布不均匀或泄漏电流过大性故障。

(5)涡流损耗(铁损)增大性故障。

(6)缺油故障。

(7)特殊运行方式,过负荷或电压变化过大、单相运行等引起的故障,或者冷却系统设计不合理与堵塞、散热条件差等引起的故障。

(8)其他发热故障。

44. 影响电力设备红外测量因素有哪些?

答:(1)大气影响,大气吸收的影响。

(2)颗粒影响,大气尘埃及悬浮粒子的影响。

(3)风力影响。

(4)辐射率影响。

(5)测量角影响。

(6)热辐射影响,邻近物体热辐射的影响。

(7)太阳影响,太阳光辐射的影响。

45. 红外测温中一般缺陷的处置方法是什么?

答: 当发热点温升值小于 15K 时,对于负荷率小、温升小但相对温差大的设备，如果负荷有条件或机会改变时，可在增大负荷电流后进行复测，以确定设备缺陷的性质，当无法改变时，可暂定为一般缺陷，加强监视。

46. 红外测温中严重缺陷的处置方法是什么？

答：这类缺陷应尽快安排处理。对电流致热型设备，应采取必要的措施，如加强检测等，必要时降低负荷电流；对电压致热型设备，应加强监测并安排其他测试手段，缺陷性质确认后，立即采取措施消缺。

47. 红外测温中危急缺陷的处置方法是什么？

答：这类缺陷应立即安排处理。对电流致热型设备，应立即降低负荷电流或立即消缺；对电压致热型设备，当缺陷明显时，应立即消缺或退出运行，如有必要，可安排其他试验手段，进一步确定缺陷性质。

第二节　相对介质损耗

48. 相对介质损耗因数的定义是什么？

答：两个电容型设备在并联情况下或异相相同电压下在电容末端测得两个电流矢量差，对该差值进行正切换算，换算所得数值称为相对介质介质损耗因数。

49. 相对介损检测条件要求有哪些？

答：（1）避免雨、雪、雾、露等湿度大于85％的天气条件对电容型设备外表面的影响。

（2）在电容型设备上无其他各种外部作业。

（3）设备外表面应清洁、无覆冰等。

50. 相对电容量测量方法，接线盒型取样单元功能有哪些？

答：停电例行试验时，可以通过操作取样单元内的隔离开关来断开接地，避免测试人员需要登高打开接地，同时可提供一个电流测试信号的引出端子，设有多重保护可防止电容型设备末屏（或低压端）开路。

51. 电容型设备相对介质损耗因数和电容量比值带电测试如果测试数据异常时，应完成哪些工作？

答：（1）排除测试仪器及接线方式上的问题。

（2）确认被测信号是否来自同相、同电压的两个设备。

（3）选择其他参考设备进行比对测试。

52. 电容型设备介质损耗因数和电容量带电检测准确性和分散性与停电例行试验相比都较大，分析时应结合哪些信息进行综合分析？

答：设备历史运行状况、同类型设备参考数据、油色谱试验结果、红外测温结果。

53. 电容型设备相对介质损耗因数和电容量比值测试人员的要求是什么？

答：（1）熟悉电容型设备介质损耗因数和电容量带电测试的基本原理。

（2）掌握带电检测仪的操作程序和使用方法。

（3）了解各类电容型设备的结构特点、工作原理、运行状况和设备故障分析的基本知识。

（4）熟悉并能严格遵守电力生产和工作现场的相关安全管理规定。

54. 测量电容型设备的电容量可以发现哪些缺陷？

答：绝缘介质均匀受潮、电容屏击穿和设备严重缺油。

55. 论述电容型设备相对介质损耗因数和电容量比值带电检测时参考设备的选取有哪些原则？

答：（1）采用相对值比较法，基准设备一般选择停电例行试验数据比较稳定的设备。

（2）宜选择与被试设备处于同一母线或直接相连母线上的其

他同相设备，宜选择同类型电容型设备；如同一母线或直接相连母线上无同类型设备，可选择同相异类电容型设备。

（3）双母线分裂运行的情况下，两段母线下所连接的设备应分别选择各自的参考设备进行带电检测工作。

（4）选定的参考设备一般不再改变，以便于进行对比分析。

56. 利用绝对值测量法测量变电设备介损和电容量该方法存在哪些缺点？

答：（1）测量误差较大。主要由以下方面造成：

1）TV 固有角差的影响。对于目前绝大多数 0.5 级电压互感器来说，使用其二次侧电压作为介损测量的基准信号，本身就可能造成±20′的测量角差，即相当于±0.006 的介损测量绝对误差，而正常电容型设备的介质损耗通常较小，仅在 0.002～0.006 之间，显然这会严重影响检测结果的真实性。

2）TV 二次负荷的影响。电压互感器的测量精度与其二次侧负荷的大小有关，如果 TV 二次负荷不变，则角误差基本固定不变。由于介损测量时基准信号的获取只能与继电保护和仪表共用一个线圈，且该线圈的二次负荷主要由继电保护决定，故随着变电站运行方式的不同，所投入使用的继电保护会做出相应变化，故 TV 的二次负荷通常是不固定的，这必然会导致其角误差改变，从而影响介损测试结果的稳定性。

（2）需要频繁操作 TV 二次端子，增加了误碰保护端子引起故障的概率。

57. 利用相对值测量法测量变电设备介损和电容量的优势有哪些？

答：（1）该方法能够克服绝对值测量法易受环境因素影响、误差大的缺点，因为外部环境（如温度等）、运行情况（如负载容量等）变化所导致的测量结果波动，会同时作用在参考设备和被试设备上，它们之间的相对测量值通常会保持稳定，故更容易反映出设备绝缘的真实状况。

（2）由于该方式不需采用 TV（CVT）二次侧电压作为基准信号，故不受到 TV 角差变化的影响。

（3）操作安全，避免了由于误碰 TV 二次端子引起的故障。

58. 测量相对介质损耗接线盒型取样单元的优点有哪些？

答：（1）结构简单，价格相对较低便宜。

（2）受现场电磁场干扰较小。

（3）停电例行试验时，可以通过操作取样单元内的隔离开关来断开接地，而无需登高打开压接螺母，操作方便且安全性高。

（4）只需要对仪器主机器进行定期校验即可，无需对所有取样单元进行定期校验。

（5）电流信号均采用仪器主机内置的两个高精度传感器进行测量，测试误差可以相互抵消，提高了检测的准确性。

59. 对介损接线盒型取样单元的缺点有哪些？

答：（1）整个末屏（或低压端）接地回路由于串入了隔离开关等节点，存在断路风险，给安全运行带来隐患。

（2）现场测试时，由于需要操作隔离开关断开末屏接地，存在操作不当造成末屏（或低压端）失去接地的风险。

60. 相对介损的有源传感器型取样单元的优点有哪些？

答：（1）穿心电流传感器套在末屏（或低压端）接地线上，整个接地回路上无断点，不会给设备运行带来风险。

（2）现场测试接线简单明了，操作方便。

61. 测量相对介损检测周期是什么？

答：（1）设备投运后一个月进行一次介质损耗因数和电容量的带电测试，记录作为初始数据。

（2）正常运行时，每年进行一次。

（3）对存在异常的电容型设备，如该异常不能完全判定，应根据电容型设备的运行工况，缩短检测周期。

62. 绝对值测量法的测量原理是什么？

答：绝对值测量法是指通过串接在被试设备 C_x 末屏接地线上，以及安装在该母线 TV 二次端子上的信号取样单元，分别获取被试设备 C_x 的末屏接地电流信号 I_x 和 TV 二次电压信号，电压信号经过高精度电阻转化为电流信号 I_n，两路电流信号经过滤波、放大、采样等数字处理，通常采用谐波分析法分别提取其基波分量，并计算出其相位差和幅度比，从而获得被试设备的绝对介质损耗因数和电容量。

63. 相对值测量法的测量原理是什么？

答：相对值测量法是指选择一台与被试设备 C_x 并联的其他电容型设备作为参考设备 C_n，通过串接在其设备末屏接地线上的信号取样单元，分别测量参考电流信号 I_n 和被测电流信号 I_x，两路电流信号经滤波、放大、采样等数字处理，采用谐波分析法分别提取其基波分量，计算出其相位差和幅度比，从而获得被试设备和参考设备的相对介损差值和电容量比值。考虑到两台设备不可能同时发生相同的绝缘缺陷，因此通过它们的变化趋势，可判断设备的劣化情况。

64. 带电介损检测绝对法优缺点是什么？

答：优点：在已知 TV 变比角差的情况下介损、电容量的测量结果为直读值，更接近传统测试方法，结果判断也比较简单。

缺点：受 TV 精度影响测量精度不高，还受环境变化和 TV 二次负载变化引起测量结果的不确定性。对二次接线有一定风险。

65. 带电介损检测相对法的优缺点是什么？

答：优点：受环境影响小，测量结果稳定可靠。信号取自末屏端，对系统运行不造成影响，安全可靠。

缺点：需横向和纵向综合判断测量结果，进一步推断某个设备的绝缘缺陷。判断方法还需要做进一步的研究。

66. 相对介质损耗因数和电容量带电检测仪应具备的主要功能有哪些？

答：（1）提供绝对测量法和相对测量法两种测量模式。

（2）电池至少能够连续工作 4h 以上。

（3）具备数据存储、导入/导出和查询功能。

（4）具备自校验仪功能。

67. 影响电容型设备相对介质损耗因数和电容量比值测量结果的因素有哪些？

答：电网频率波动、温度和湿度。

68. 电容型设备相对介质损耗因数和电容量比值带电检测前正式开始检测前应完成的准备工作有哪些？

答：（1）带电检测应在天气良好条件下进行，确认空气相对温度应不大于 80％。环境温度不低于 5℃，否则应停止工作。

（2）选择合适的参考设备，并备有参考设备、被测设备的停电例行试验记录和带电检测试验记录。

（3）核对被试设备、参考设备运行编号、相位，查看并记录设备铭牌。

（4）使用万用表检查测试引线，确认其导通良好，避免设备末屏或者低压端开路。

（5）开机检查仪器是否电量充足，必要时需要使用外接交流电源。

69. 电容型设备相对介质损耗因数和电容量比值带电检测接线与测试的流程是什么？

答：（1）将带电检测仪器可靠接地，先接接地端再接仪器端，并在两个信号输入端连接好测量电缆。

（2）打开取样单元，用测量电缆连接参考设备取样单元和仪器 I_n 端口，被试设备取样单元和仪器 I_x 端口。

（3）打开电源开关，设置好测试仪器的各项参数。

（4）正式测试开始之前应进行预测试，当测试数据较为稳定时，停止测量，并记录、存储测试数据；如需要可重复多次测量，从中选取一个较稳定数据作为测试结果。

（5）测试数据异常时，首先应排除测试仪器及接线方式上的问题，确认被测信号是否来自同相、同电压的两个设备，并应选择其他参考设备进行比对测试。

70. 用于电容型设备相对介质损耗传感器型取样单元应满足哪些要求？

答：（1）采用穿芯结构，输入阻抗低，能够耐受 10A 工频电流的作用以及 10kA 雷电流的冲击。

（2）具有完善的电磁屏蔽措施和先进的数字处理技术，可确保介质损耗测试结果不受谐波干扰及脉冲干扰的影响，绝对检测精度应达到±0.05％。

（3）具有较好的防潮和耐高低温能力。

（4）采用即插式标准接口设计，方便操作。

71. 取样单元应具备哪些特点？

答：（1）应采用金属外壳，具备优良的防锈、防潮、防腐性能，且便于安装固定在被测设备下方的支柱或支架上使用。

（2）取样单元内部含有信号输入端、测量端及短接压板等，并应采用多重防开路保护措施，有效防止测试过程中因接地不良和测试线脱落等原因导致的末屏电压升高，保证测试人员的安全，且完全不影响被测设备的正常运行。对于套管类设备的信号取样，应根据被监测设备的末屏接地结构，设计和加工与之相匹配的专用末屏引出装置，并保证其长期运行时的电气连接及密封性能。

（3）对于线路耦合电容器的信号取样，为避免对载波信号造成影响，应采用在原引下线上直接套装穿芯式零磁通电流传感器的取样方式。

（4）回路导线材质宜选用多股铜导线，截面积不小于 4mm²，并应在被测设备的末屏引出端就近加装可靠的防断线保护装置。

（5）取样单元应免维护，正常使用寿命不应低于 10 年。

72. 测量相对介损的传感器型取样单元主要有几种？

答：传感器型取样单元可分为无源传感器和有源传感器两种，均采用穿芯式取样方式。

第三节　GIS 局部放电检测

73. GIS 发生局部放电有哪些？

答：自由颗粒、接地体和带电体部分上的突起（毛刺放电）、悬浮屏蔽（电位悬浮）、绝缘子上的颗粒以及绝缘子空穴放电。

74. GIS 内部产生悬浮电位的原因及基本特征是什么？

答：松动或接触不良会引起电位悬浮，有时电场屏蔽松动并开始振动，也可能是电接触松动而变为电位悬浮。一块大的悬浮金属体将可能被充电，并当物体与基点之间的电压超出耐受电压时就会发生大规模放电电弧。这类放电一般发生在电压上升沿，并且产生一大的连续的 100Hz 为主的包络线，并且有低的波峰因数。

其基本特征为：工频耐压水平降低，信号稳定，重复性强，100Hz 的相关性强烈。

75. 试述电晕放电的波形特点。

答：（1）放电信号通常在工频相位的一个半波出现。

（2）放电信号强度较弱且相位分布较宽，放电次数较多。

（3）较高电压等级下另一个半周也可能出现放电信号。

76. 什么是高频局部放电检测技术？

答：高频局部放电检测技术是指对频率介于 3～30MHz 区间的局部放电信号进行采集、分析、判断的一种检测方法。

77. 什么是特高频局部放电检测技术？

答：通过特高频（Ultra - High Frequency，UHF）传感器

对电力设备局放产生的超高频（0.3～3GHz）信号进行检测，从而判断设备局部放电状况，实现绝缘状态的判断，而由于现场干扰主要集中于 0.3GHz 频段以下，因此 UHF 法能有效避开干扰信号，具有较高的灵敏度和抗干扰能力，可实现局放带电检测、定位、故障类型判断等优点。

78. GIS 特高频局放检测仪的使用条件是什么？

答：（1）环境温度：−10～+55℃；日温差小于 25K。

（2）环境湿度：相对湿度不大于 80%。

（3）大气压力：86～106kPa。

（4）供电电源：宜选择变电站用交流电源，交流电源电压幅值允许偏差小于 ±10%，频率容许偏差小于 ±1%，谐波含量小于 5%。

79. GIS 特高频局放检测仪检测频带是多少？

答：检测频带应尽量覆盖 GIS 内部可能发生的各类局部放电信号的频率范围，通常在 300MHz 到 3GHz 之间，实际检测装置中可根据需要选用其间的子频段。检测频带的选择应尽量避开电磁干扰信号，如架空线电晕放电和移动通信等。

80. 便携式特高频局部放电检测仪主要组成部件有哪些？

答：耦合器、信号采集单元、信号放大器和控制电脑（系统软件）。

81. GIS 特高频局放检测的人员要求有哪些？

答：（1）熟悉特高频局部放电检测的基本原理、诊断程序和缺陷定性的方法，了解特高频局部放电检测仪的工作原理、技术参数和性能，掌握特高频局部放电检测仪的操作程序和使用方法。

（2）了解 GIS 设备的结构特点、工作原理、运行状况和导致设备故障的基本因素。

（3）熟悉 Q/GDW 11059.2—2003《气体绝缘金属封闭开关设备局部放电带电测试技术现场应用导则　第 2 部分　特高频

法》，接受过特高频局部放电检测技术的培训，并经相关机构培训合格。

（4）具有一定的现场工作经验，熟悉并能严格遵守电力生产和工作现场的相关安全管理规定。

82. 什么是背景噪声？

答：背景噪声是指在局部放电检测过程中测量到的非被检测设备所产生的信号，背景噪声包括检测装置中的白噪声、广播通信信号、雷达信号以及其他的连续或脉冲干扰信号。

83. 在局部放电特高频检测中，干扰抑制主要有哪几种方法？

答：（1）滤波。对于变电站中常见的电晕放电干扰（主要集中在 200MHz 以下频段）和移动通信等确定频段的干扰信号，可以通过滤波的方法进行有效抑制。

（2）屏蔽。干扰信号主要来自于 GIS 外部，对盘式绝缘子法兰进行屏蔽，可减小对内置传感器的干扰。对于外置式传感器，也需要增加盆式绝缘子非耦合区域的屏蔽，减小外部空间干扰的影响。

（3）干扰识别。对重复出现的干扰信号，可以根据信号的波形特征、频谱特征和工频相关性进行识别和消除。

（4）干扰定位。对于变电站高电压环境中存在的浮电位体放电干扰和电气设备中存在的电气接触不良产生的放电干扰，其信号频谱特征和脉冲波形特征与 GIS 内部的局部放电非常相似，难以通过滤波和屏蔽等措施有效消除，也难以有效识别和区分。对于这类也是放电产生的干扰，通过放电源定位可以有效识别和消除。放电定位是重要的抗干扰环节，GIS 局部放电诊断必须通过定位测量进行确认。

84. GIS 特高频局放检测条件要求有哪些？

答：（1）被检设备是带电运行设备，应尽量避开视线中的封闭遮挡物，如门和盖板等。

（2）GIS 设备为额定气体压力，在 GIS 设备上无各种外部作业。

（3）金属外壳应清洁、无覆冰等。

（4）绝缘盆子为非金属封闭或内置有 UHF 传感器。

（5）进行检测时应避免大型设备振动干扰源等带来的影响。

（6）进行室外检测避免雨、雪、雾、露等相对湿度大于 80％的天气条件。

85. GIS 特高频局放检测检测周期是什么？

答：（1）应在设备投运后或 A 类检修后 1 周内进行一次运行电压下的特高频局部放电检测，记录每一测试点的测试数据作为初始数据，今后运行中测试应与初始数据进行比对。

（2）正常情况下，550kV（363kV）及以上电压等级 GIS 设备半年一次，252kV 及以下电压等级设备一年一次。

（3）检测到 GIS 有异常信号但不能完全判定时，可根据 GIS 设备的运行工况缩短检测周期，增加检测次数，并分析信号的特点和发展趋势。

（4）必要时，对重要部件（如断路器、隔离开关、母线等）进行局部放电重点检测。

（5）对于运行年限在 15 年以上的 GIS 设备，宜考虑缩短检测周期，迎峰度夏（冬）、重大保电活动前应增加检测次数。

86. GIS 特高频局放巡检检测步骤是什么？

答：（1）检测前正确安装仪器各配件，启动设备并进行必要的软件设置。

（2）开始检测前应自检仪器工作是否完好后再进行检测。

（3）测试前将仪器调节到最小量程，传感器悬浮于空气中，测量空间背景噪声值并记录，背景噪声峰值小而稳定，噪声信号仅是来自环境、仪器自身和放大器。

（4）进行检测图谱记录，在必要时进行二维图谱记录。

（5）对检测结果无典型放电图谱的间隔，对本间隔出具"合

"格"报告；对存在与同等条件下同类设备检测图谱有明显区别的"异常"或具有典型局部放电的检测图谱的"缺陷"情况的间隔，应进行精确检测。

87. GIS 特高频局放诊断性检测步骤是什么？

答：（1）若某测试点检测到"异常"或"缺陷"，为避免"故障源"是来自 GIS 壳体环流引起的干扰，此时应使用独立的接地线使测量仪器在传感器所在区域附近的 GIS 结构上接地。

（2）对异常数据进行进一步诊断分析和局部放电类型诊断，并对该间隔全部测点出具相应的检测报告。

（3）检测后，应做好测量数据和环境情况的记录或存储，如波形、数据、图片、工况、测点位置、传感器安装的具体部位等，并填写检测数据记录表。

88. 特高频局放定位技术主要有几种？

答：幅度比较法、信号先后比较法、时间差计算法、平分面法（三维局放定位方法）。

89. 特高频局放检测经常遇到的干扰有哪些？

答：手机电话信号干扰、马达信号干扰、闪光干扰和雷达信号干扰。

90. 简述应用特高频时间差法对放电源进行定位的基本原理。

答：应用特高频时间差法对放电源进行定位的基本原理是精确测量两个传感器接收到信号的时间差，根据电磁波的传播速度计算放电源的位置。当计算距离等于两个传感器实际距离时，放电位置靠近先检测到信号的传感器，或位于先检测到信号的传感器的外侧；当计算距离小于两个传感器实际距离时，信号源位于两个传感器之间，可通过方程法求解找到具体位置。

91. 特高频时间差法对放电源进行定位存在的问题？

答：（1）由于现场条件所限，运行人员基本是依靠目测观察示波器上 UHF 信号初始峰之间的时间差，那么仅仅依靠目测初始峰的时间差，然后再取平均值，这种做法无疑增大了定位测量的误差。

（2）从现场和实验室的数据发现，虽然某些放电类型的 UHF 信号的初始峰容易被识别，但是如果测量设备的硬件采样率比较低，有效采样点过少，那么也会造成 UHF 信号的初始峰辨别的误差增大。

（3）从现场和实验室的数据发现，某些放电类型的 UHF 信号的初始峰不易被识别，也无法对其进行初始峰波形的细化，并且起始的幅值也不明显，进行精确的时间差定位比较困难。

（4）此方法只能将局部放电源确定在一小段范围之内，进一步确定放电源在腔体上具体所处的方位较为困难，即放电源处于腔体的哪一侧，这样才可为检修工作提供更为可靠的帮助。

92. 试述 GIS 特高频局放检测方法按照传感器布置位置可分为哪几种，各自优缺点是什么？

答：根据传感器安装位置不同，该方法分为内置法与外置法两种。内置式特高频传感器一般安装于 GIS 或变压器设备的内部，常用于在线监测系统；而外置式特高频传感器则安装在设备外部，常用于便携式带电检测。两者相比，内置式传感器具有抗干扰性能强、灵敏度高以及便于组成在线监测系统的优点；而外置式传感器则具有应用方便、检测高效以及经济性较好的优点。

93. 什么是 GIS 超声波局放检测技术？

答：电力设备当中发生局部放电时，会伴随产生超声波信号，该信号会沿着 SF_6 气体、GIS 外壳进行传播。可以应用超声波传感器检测局部放电产生的超声波信号，反应 GIS 内部局部放电的强度、类型及大体位置。

94. 超声波局放检测流程中，以相位相关性为基础的主要有哪几种检测模式？

答：连续检测模式、相位检测模式、脉冲检测模式和时域波形检测模式。

95. 超声波局放检测流程中以特征指数为基础的主要有哪几种检测模式？

答：连续检测模式和相位检测模式。

96. 能够应用接触式超声波局放检测方法进行检测的设备主要有哪些？

答：组合式电气设备和高压电缆终端。

97. 便携式超声波局部放电检测仪主要组成部件有哪些？

答：声发射传感器、检测主机和前置放大器。

98. GIS 超声波局部放电检测时传感器上涂抹耦合剂的作用有哪些？

答：（1）消除传感器与罐体之间的气泡，减少信号衰减。

（2）在手持传感器时，减少因抖动造成的干扰。

99. 在 GIS 超声波局放检测中，自由颗粒的表现特征是什么？

答：（1）雷电冲击电压影响很小。

（2）工频耐压会有很大的降低。

（3）超声传感器接收到典型的机械撞击信号。

（4）飞入高场强区非常危险。

（5）信号表征不重复，随机性强。

100. 在 GIS 超声波局放检测中，毛刺放电的表现特征是什么？

答：（1）局部场强增加。

（2）由于电晕球的保护作用，工频耐压水平不受影响。

（3）雷电冲击电压水平会大幅度下降。

（4）毛刺如果大于 1～2mm 就认为是有害的。

101. 在 GIS 超声波局放检测中，悬浮放电的表现特征是什么？

答：工频耐压水平降低，信号稳定，重复性强，100Hz 的相关性强烈。

102. 在 GIS 超声波局放检测中，绝缘子上的颗粒的表现特征是什么？

答：（1）信号不稳定，但不像自由颗粒那样变化大，有一定的稳定值。

（2）表现出 50Hz 的相关性较强，但一般 100Hz 的成分也有。

（3）在紧邻盆子附近信号强，距离远后则很弱。

103. 在 GIS 超声波局放检测中，机械振动的表现特征是什么？

答：有些缺陷形成了机械振动，但没形成悬浮电位，应加以区分。基本特征如下：

（1）信号不稳定。

（2）相位图呈现多条竖线并在零点（180°）左右两侧均匀分布。

104. GIS 超声波局部放电检测试验程序是什么？

答：（1）测试背景噪声，背景噪声应满足测试环境要求。

（2）传感器与测点部位间无气隙地均匀涂抹专用耦合剂，测量时保持静止状态。

（3）开展测试，判断有无缺陷。

（4）存储数据。

（5）软件分析。

105. GIS 超声波局部放电检测对于人员的要求有哪些？

答：（1）熟悉超声波局部放电检测技术的基本原理和诊断程序，了解超声波局放检测仪的工作原理、技术参数和性能，掌握操作程序和使用方法。

（2）了解被检测设备的结构特点、工作原理、运行状况和导致设备故障的基本因素。

（3）熟悉 Q/GDW 11059.1—2013《气体绝缘金属封闭开关设备局部放电带电测试技术现场应用导则　第 1 部分　超声波法》，接受过超声波局放检测技术培训，并经相关机构培训合格。

（4）具有一定的现场工作经验，熟悉并能严格遵守电力生产和工作现场的有关安全管理规定。

106. GIS 超声波局部放电检测对环境条件的要求有哪些？

答：（1）在 GIS 设备上无各种外部作业。

（2）额定电压、额定 SF_6 气体压力。

（3）金属外壳应清洁、无覆冰等。

（4）进行室外检测避免雨、雪等天气条件对 GIS 设备外壳表面噪声干扰的影响。

（5）进行室内检测时避免室内强干扰源、大型设备振动。

107. 对于 GIS 超声波局放检测周期是如何规定的？

答：（1）应在设备投运后或 A 类检修后 1 周内进行一次运行电压下的超声波局部放电检测，记录每一测试点的测试数据作为初始数据，今后运行中测试应与初始数据进行比对。

（2）新投运（或大修）后设备。应在投运后 1 个月内、投运后 1 年各进行一次超声局部放电检测。

（3）运行中设备。500kV 电压等级设备 1 年 1 次，220kV 及以下电压等级设备 2 年 1 次。

108. 超声波局放检测测试地点是如何选取的？

答：（1）盆式绝缘子附近。

（2）测量点选择在隔室侧下方，如存在异常信号，则应在该隔室进行多点检测，查找信号最大点。

（3）在断路器断口处、隔离开关、接地隔离开关、电流互感器、电压互感器、避雷器、导体连接部件等处均应设置测试点。

109. GIS 超声波局部放电检测对于安全的要求？

答：（1）应严格执行《国家电网公司电力安全工作规程》（变电站部分）。

（2）应严格执行变电站巡视的要求。

（3）应有专人监护，监护人在检测期间应始终行使监护职责，不得擅离岗位或兼任其他工作。

（4）GIS 外壳虽然正常接地，在瞬间故障发生时，也可能会产生危及人身安全的电压，应确认 GIS 外壳的接触电压符合要求。

110. GIS 特高频法局部放电优缺点是什么？

答：特高频法局部放电抗干扰能力较强，对空气中电晕放电干扰很不敏感，但对架空线上的悬浮导体放电有反应；对 GIS 的各种放电性缺陷均具有较高的敏感度；不能发现弹垫松动、粉尘飞舞等非放电性缺陷；信号传播衰减小，检测范围大，通常可达十几米；UHF 信号强度取决于脉冲陡度、宽度和幅度，而传统法的 pC 值仅取决于脉冲幅度，两者之间没有固定关系，仅存在粗略的对应特征。

111. GIS 超声波法局部放电优缺点是什么？

答：超声波局部放电检测抗干扰能力较好，对电气干扰不敏感，但易受机械或电磁振动的影响；对自由颗粒缺陷具有较高的检测灵敏度，但对固体绝缘表面及内部的缺陷敏感度较低；能发现弹垫松动、粉尘飞舞等非放电性缺陷；传播衰减很大，检测范围小，适合缺陷定位；AE 信号强度取决于脉冲幅度和传播途径，而传统法的 pC 值仅取决于脉冲幅度，两者之间没有固定关系，仅存在粗略的对应特征。

第四节　开关柜局部放电检测

112. 什么是暂态地电压检测技术？

答：局部放电发生时，在接地的金属表面将产生瞬时地电压，这个地电压将沿金属的表面向各个方向传播。通过检测地电压实现对电力设备局部放电的判别和定位。

113. 什么是超声波检测技术？

答：局部放电发生时，电力设备内部会产生冲击振动和声音，超声波通过在设备腔体外壁上安装超声波传感器来测量局部放电信号。

114. 在进行开关柜测局放检测的测试点应选择哪些测试点？

答：应选择开关柜的前中、前下、后上、后中、后下、侧上、侧中、侧下 8 个测试点。

115. 目前常见的电力设备局部放电电测法有哪些？

答：脉冲电流法、RIV 法、特高频检测法和暂态地电压法。

116. 暂态地电压检测设备的主要技术指标包括哪些？

答：频带范围、测量范围、重复率和标称电容。

117. 暂态地电压检测对哪种放电模型比较灵敏？

答：绝缘子表面放电模型、绝缘子内部缺陷模型、电晕放电模型和尖端放电模型。

118. 暂态地电压检测技术对哪几种放电模型不敏感？

答：暂态地电压检测技术对沿面放电模型和绝缘子表面放电模型不灵敏。

119. 超声波检测设备的主要技术指标包括哪些？

答：标称频率、测量范围、灵敏度和声压。

120. 简述局部放电的定义及局部放电的类型。

答：在电场作用下，导体间绝缘仅部分区域被击穿（没有贯穿施加电压的导体之间）的电气放电现象称为局部放电，类型有绝缘（内部）、电晕（针尖）、沿面、悬浮、颗粒等。

121. 试分析开关柜 TEV（暂态地电压）的基本检测原理。

答：当开关设备发生局部放电现象，局放产生的电磁波信号会由金属柜体的内表面转移到外表面，且在金属柜体外表面产生暂态地电压。

测量时，暂态地电压传感器紧密接触在开关柜金属柜体上面，裸露的金属柜体可看作平板电容器的一个极板，而暂态地电压传感器则可看作平板电容器的另一个极板，对于由金属柜体、暂态地电压传感器构成的平板电容器来说，金属柜体表面出现的任何电荷变化均会在暂态地电压传感器的金属盘上感应出同样数量的电荷变化，并形成一定的感应电信号。该信号输入到检测设备内部并经检测阻抗转换为与放电强度成正比的高频电压信号。经检测设备处理后，则可得到开关柜局部放电的放电强度、重复率等特征参数。

由于其检测原理为电容耦合式，所以检测时，TEV 传感器一定要与柜体紧密接触，才能够有效检测局放信号。

122. 暂态地电压传感器的构成有哪些？

答： 暂态地电压法本质上属于外部电容法局部放电检测技术的范畴。暂态地电压传感器本质上是一个金属盘，前面覆盖有PVC 塑料，并用同轴屏蔽电缆引出。测量时，暂态地电压传感器抵触在开关柜金属柜体上面，裸露的金属柜体可看作平板电容器的一个极板，而暂态地电压传感器则可看作平板电容器的另一个极板，中间的填充物则为 PVC 塑料。

123. 暂态地电压传感器的基本原理是什么？

答： 对于由金属柜体、PVC 材料和暂态地电压传感器构成的平板电容器来说，金属柜体表面出现的任何电荷变化均会在暂态地电压传感器的金属盘上感应出同样数量的电荷变化，并形成一定的高频感应电流。该高频电流经引出线输入到检测设备内部并经检测阻抗转换为与放电强度成正比的高频电压信号。经检测设备处理后，则可得到开关柜局部放电的放电强度、重复率等特征参数。

124. 开关柜超声波测量传感器可以分为几种？

答：磁致伸缩式、电磁式和压电式三种传感器。

125. 接触式（压电式）超声波传感器检测原理是什么？

答：贴在电力设备表面，检测局放产生的超声波信号在电力设备表面金属板中传播所感应的振动现象。

126. 暂态地电压局部放电检测数据的常用分析技术有几种？

答：横向分析、趋势分析、统计分析和阈值比较。

127. 超声波局部放电检测数据的常用分析技术有几种？

答：声音判别法和阈值比较法。

128. 暂态低电压检测仪器包括哪些基本功能？

答：（1）能显示暂态地电压信号强度。

（2）具备单次测试和连续测试两种测试模式。

（3）具备报警设置功能及告警功能。

（4）具备数据管理和数据导入导出功能。

129. 开关柜带电检测包括哪些项目？

答：红外热像检测、超声波法信号检测和暂态地电压法检测。

130. 开关柜的巡检项目包括哪些？

答：（1）外观检查、气体压力值检查。

（2）操动机构状态检查、电源设备检查。

（3）仪器仪表检查、仪器仪表检查。

（4）构架、基础检查。

（5）红外测温、局放测试。

131. 在现场进行开关柜局放检测时哪些因素可能产生干扰？

答：（1）照明光源。

（2）蓄电池屏柜和直流屏柜。

（3）人耳可听见的强烈噪声。

（4）变压器等大型设备运行时的机械振动。

132. 对于高压开关柜进行带电检测的优势有哪些？

答：（1）带电检测技术简单易学，方便操作。

（2）设备无需停电，不影响供电可靠性。

（3）周期灵活，可及时发现设备隐患。

（4）检测状态即带电运行状态，检测结果真实可靠。

133. 对局部放电进行带电检测时，排除干扰的方法有哪些？

答：（1）错开检测时间。

（2）关闭干扰源。

（3）使用适合的滤波器。

（4）分析信号工频相关性。

134. 开关柜绝缘故障的原因主要有哪些？

答：（1）爬距及空气间隙不够。

（2）制造装配质量及工艺不良。

（3）接点容量不足或接触不良。

（4）环境条件影响。

135. 开关柜带电检测的工作安全要求有哪些？

答：（1）检测至少由两人进行，并严格执行保证安全的组织措施和技术措施。

（2）应确保操作人员及测试仪器与电力设备的高压部分保持足够的安全距离。

（3）设备投入运行 40min 后，方可进行带电测试。

（4）测试现场出现明显异常情况时，应立即停止测试工作并撤离现场。

136. 开关柜带电检测的工作条件要求有哪些？

答：（1）开关柜设备上无其他作业。

（2）开关柜金属外壳应清洁并可靠接地。

（3）应尽量避免干扰源等带来的影响。

（4）雷电时禁止进行检测。

137. 开关柜带电检测对于检测人员的要求有哪些？

答：（1）熟悉开关柜局部放电检测基本原理、诊断程序和缺陷定性的方法。

（2）了解局部放电检测仪技术参数和性能，掌握其使用方法。

（3）了解开关柜的结构特点和运行状况。

（4）熟悉相关导则，接受过开关柜局部放电检测培训，具有现场测试能力。

（5）具有一定现场工作经验，熟悉并遵守电力安全生产和相关管理规定。

138. 开关柜局部放电检测部位要求有哪些？

答：（1）一般按照前、后、侧面进行布点，前面选2点，后面、侧面选3点，后面、侧面选点应根据设备的安装情况确定。

（2）如存在异常信号，则应在该开关柜上进行多次、多点测试查找信号最大的位置点。

（3）应尽可能保持每次测试点位置的一致，以便进行分析。

（4）根据现场需要设置相应的检测位置。

139. 开关柜检测周期的要求有哪些？

答：（1）新投运和解体检修后的设备，应在投运后1个月内进行一次运行电压下的检测，记录开关柜每一面的测试数据作为初始数据，以后测试中作为参考。

（2）暂态低电压检测至少一年一次。

（3）对存在异常的开关柜设备，在该异常不能完全判定时，可根据开关柜设备的运行工况缩短检测周期。

140. 暂态低电压方法测量开关柜局放工作步骤是什么？

答：（1）检查仪器的完整性，确认仪器能正常工作，保证仪器电量充足。

（2）测量环境（空气和金属）中背景值。

（3）检测时，传感器应与开关柜柜面紧贴，并保持静止，待数据稳定后记录数据。

（4）一般先采用常规检测，若发现异常，可采用定位检测进一步排查。

（5）对于异常数据应及时记录，并记录故障位置。

（6）填写试验记录表，进行数据分析。

（7）注意测量过程中应避免信号线、电源线缠绕在一起，排除干扰信号，必要时可关闭开关室内的照明灯和通风设施。